教育部基于"工程实践创新项目"的教学模式研究与实践成果课题号：DJA180345

　　天津市"工程实践创新项目教学模式的实证探索与研究"教学成果奖重点培育项目成果；批准号：PYZ5-021

　　国家现代职业教育改革创新示范区建设成果

　　国家职业教育质量发展研究中心工作成果

　　鲁班工坊/工程实践创新项目（EPIP）系列丛书

## 张维津

天津机电职业技术学院院长、研究员。

从事职业教育34年，担任全国机械职业教育教学指导委员会副秘书长、全国机械职业教育教学指导委员会智能制造技术类专业指导委员会副主任委员。

曾获得国家级职业教育教学成果奖一等奖、天津市职业教育教学成果奖特等奖；主持完成全国教育科学规划课题和天津市教育科学规划课题多项。

## 刘勇

天津机电职业技术学院电气学院副院长、教授、正高工、高级技师、国家注册建造师、天津职业技术师范大学博士生导师。

教育部"双师型"教学名师、全国机械行业"电梯技术专业"领军人物。世界500强企业奥的斯电梯从业19年、职业院校从教10年。

天津市黄炎培杰出教师奖、全国职业技能大赛赛项专家组长、裁判长、指导教师、主持大赛资源转化项目1项、主编教材4部。

# 吕景泉教授、耿洁教授点评

紧贴工程实际，引导专业服务产业，引领日常教学改革

工程实践导向，营造真实训练情境，提升技术应用水平

强化实践能力，注重合作精神培养，突出职业素质养成

教学强化"真"字，真实项目、真实现场、真实生活

# EPIP

张维津 刘勇 著

## 智能电梯安装与调试

教学模式实践案例一

国家职业教育质量发展研究中心工作成果

国家现代职业教育改革创新示范区建设成果

天津人民出版社

天津出版传媒集团

**图书在版编目（CIP）数据**

EPIP 教学模式实践案例 . 一 , 智能电梯安装与调试 /
张维津 , 刘勇著 . -- 天津 : 天津人民出版社 , 2021.2
ISBN 978-7-201-17152-4

Ⅰ . ① E… Ⅱ . ①张… ②刘… Ⅲ . ①高等职业教育 –
工科（教育）– 教学模式 – 研究 – 中国②智能控制 – 电梯 –
安装③智能控制 – 电梯 – 调试方法 Ⅳ . ① G718.5
② TU857

中国版本图书馆 CIP 数据核字 (2021) 第 031920 号

## EPIP 教学模式实践案例一——智能电梯安装与调试

EPIP JIAOXUE MOSHI SHIJIAN ANLI YI——ZHINENG DIANTI ANZHUANG YU TIAOSHI

| | | |
|---|---|---|
| 出　　版 | 天津人民出版社 |
| 出 版 人 | 刘　庆 |
| 地　　址 | 天津市和平区西康路 35 号康岳大厦 |
| 邮政编码 | 300051 |
| 邮购电话 | （022）23332469 |
| 电子信箱 | reader@tjrmcbs.com |

| | |
|---|---|
| 策划编辑 | 安练练 |
| 责任编辑 | 谢仁林 |
| 装帧设计 | 明轩文化 · 李晶晶<br>TEL:23674746 |

| | |
|---|---|
| 印　　刷 | 天津海顺印业包装有限公司 |
| 经　　销 | 新华书店 |
| 开　　本 | 787 毫米 ×1092 毫米　1/16 |
| 印　　张 | 7.25 |
| 插　　页 | 2 |
| 字　　数 | 80 千字 |
| 版次印次 | 2021 年 2 月第 1 版　2021 年 2 月第 1 次印刷 |
| 定　　价 | 48.00 元 |

# 前　言
## PREFACE

## EPIP 教学模式与智能电梯安装与调试

　　电梯属于特种设备，电梯安全运行与否，关乎生命安全。随着京津冀协同发展战略的推进以及疏解北京非首都功能战略的实施，京津冀区域经济迅猛发展，轨道交通、电梯等行业企业急需大量机电设备制造、安装、维修与管理的一线技术技能型人才，用人单位对电梯特种作业类专业人才也提出了更高的要求，在电梯的专业教学中运用EPIP教学模式，能更加全面真实地培养学生的自主学习能力、问题观察能力、问题分析能力和问题解决能力，更符合市场对电梯专业人才的需求。

### 一、将EPIP融入电梯专业人才培养体系中

　　从2010年中国天津启动EPIP工程实践创新项目开始，十年来，EPIP教学模式与专业人才培养有机结合不断融合，日益紧密。电梯专业按照EPIP教学模式培养面向现代机电装备制造业的生产及服务

型企业，培养现代企业需要的德、智、体、美全面发展，具备本专业方向的文化水平与素质，具有良好的职业道德和创新精神，掌握职业岗位（群）所必需的专业知识及实践技能，能胜任机电一体化产品（电梯）的生产、安装与调试，电梯的使用与维护，机电一体化技术应用服务等岗位工作的优秀高端技能型专门人才。

按照EPIP培养模式，整体的专业认知设计与实施，基于专业的核心技术技能，基于工程实践导向，真实任务驱动的，展现"工程化、实践性、创新型、项目式"教学模式，给学生一个"完整"和"真实"的专业认知。（见图1）

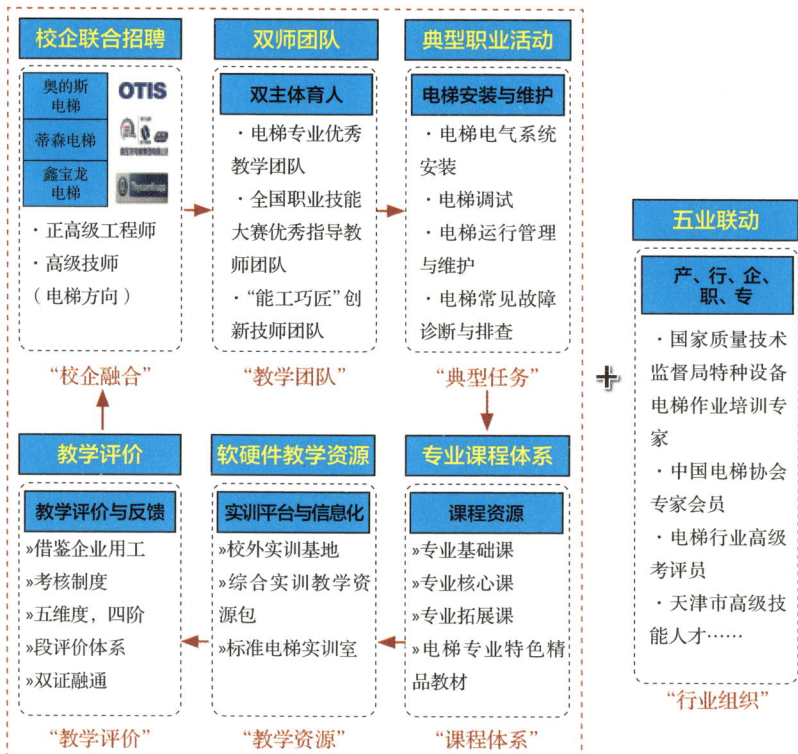

图 1　基于 EPIP 的人才培养体系

　　通过对就业领域及工作岗位能力需求的分析，明确了该岗位（群）需要的综合职业能力，并将这些综合能力分解为若干单项职业能力，再找出这些单项职业能力是由哪些知识结构和能力结构组成的，从而确定用人单位所需的知识结构体系、能力结构体系，然后有针对性地建立了三个阶梯式教学平台（职业基础平台、职业技术基础平台、职业综合技能平台），每个平台分为两个模块（知识模块和能力模块），二者之间衔接有序，有机结合。每个模块由若干课程组成，每门课程的内容以"够用、实践"为主，将素质教育贯穿于知识模块、能力模块教学始终，形成了电梯技术应用人才知识、能力和素质一体化人才培养方案。应用 EPIP 教学模式，创新课程概论讲授模式，让学生完整了解课程要义，真实体验课程魅力，激发学习的主动性。专业是由课程有序有机排列组成的，职业教育的课程是由各个知(知识)技(技术技能)素(素养)点组成的。每个知技素点的教学也应该遵循 EPP 进行组织和教学。（见图2）

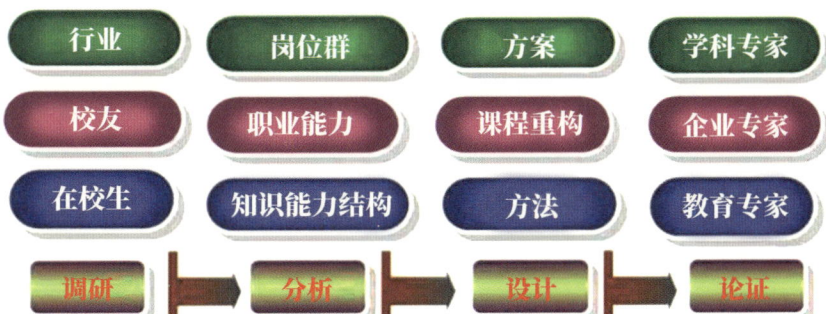

图2　人才培养方案的修订流程

## 二、基于真实工程的"教、学、做"任务

EPIP教学模式激活了现有职业院校人才培养诸要素，在现有的基础上不断深化，让职业院校教师真教、真做，让职业院校学生真学、真练，让整个职业院校因为"真实"和"完整"而焕发新的活力。

1.企业真实工程案例及实训平台

在EPIP教育模式下，需要建立一个又一个从简单工程到复杂工程的情境和载体，全面真实地培养学生的自主学习能力、问题观察能力、问题分析能力和问题解决能力。我院与电梯企业全面实行校企合作，建立"企业典型工作任务"实训室，实训室通过企业标准作业认证，实训设备从真实工程中浓缩提炼出教学竞赛载体，具有完整的专业创新课程、创新课程体系、学习评价体系，突出"学生主体，教师主导"。（见图3）

2.将EPIP教学模式与专业理论与实训融合

按照EPIP教学模式，使专业理论与实训融合、"讲"与"练"融合、硬件建设与先进的职教理念和职教方法融合，建设符合"项目教学""小组工作"，适合"专业核心技术与课程设置、教学环境及职业资格一体化"需求的实训场地。在与企业真实环境相仿的实训设备中进行工程的建立，将现场工艺流程模拟与再现职业素质、工程素养融于实训、实习教学之中。（见图4）

**典型车间**

**工作内容**

生产车间

工艺设计　程序编写　产品生产

质量检测　工艺优化

研发/创新

调查研究　立项申请　项目实施

中期检查总结分析　成果转化

**实训平台**

**合作共建成效**

训：完备的实训设备场所

研：深入的动手实操

产：菁兵训练营培养电梯特种设备专业人才

建立与企业深度融合模式

·引进7s管理模式，提高学生综合素养

·采用双主体育人培养模式，传承工匠精神

SS

SOP

工具的使用

标准操作流程

安全用电

标准化操作

人员工程

效率提高

质量管理

标准化操作图

PPH/PPM

图 3　校企共建实训平台

3.充分引入企业"能工巧匠"和企业"设备实战车"，丰富教学

聘请企业"能工巧匠"，完善"双师型"师资队伍，引进多种形式的专业活动项目，使学生对真实的工程有更深的认识。通过"校企双带头人、校企双骨干教师、校企双向互聘"的师资队伍建设新模式，校企共培"双师"。由行业企业

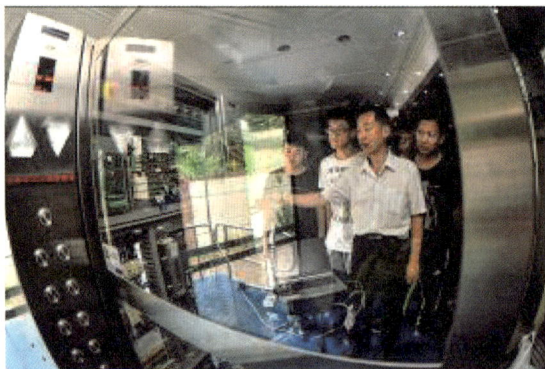

图4 理实一体EPIP教学模式

"能工巧匠"针对企业行业真实案例讲解实践技能课程。通过企业的项目教学车走进校园，开展更丰富的实践讲解，使学生真正接触真实的设备与工程。（见图5）

应用 EPIP 教学模式，创新专业认知环节，让学生在亲身体验中认识专业特色，巩固专业思想，提高专业学习兴趣、职业忠诚度和自信心，把对学生的专业能力、方法能力和社会能力的培养贯穿于课程体系之中。

图5　"能工巧匠"及"设备实战车"进校园

### 三、从完整的项目实践到转化为 "知、技、素"

基于工程实践导向、真实任务驱动，以工程化、实践性、创新型、项目式教学模式，展现给学生一个真实和完整的项目认知，学生通过学习认知完整真实的项目，理解和掌握电梯的结构、原理，同时掌握基本安装与调试，进而循序渐进地掌握工程实践创新项目的设计、安装、调试等。

　　深化校企合作，共建电梯维修工"菁兵训练营"，采取实习合作、实训合作、战略合作三种合作模式，确保学生高质量的培养及良好实习机会持续供给。校企共建"菁兵训练营"，旨在培养最杰出的人才，通过军事化的集训和技能竞赛，使学生将项目实践内化成自身素养，转化为激活 "知、技、素"。通过这样的教学，学生对整体工程有了清晰的认知，能清晰构建出电梯专业知识技能框架，并对该专业和专业应用形成了较为完整的、形象具体的认知，激活学生更加强烈的创新激情。

# 目
# 录

# 智能电梯安装与调试案例

**核心技术**

层站与轿厢的检查与保养

电梯主要类别

任务一
发现身边的"病"电梯

项目导入：真实工程背景

门故障与排除

电梯的主要参数

**工程认知**

曳引系统

任务二
认识电梯真面目

项目认知：了解电梯基本结构

任务三
电梯维修是个技术活

曳引系统维护与保养

制动器

轿顶的检查与保养

电梯的轿厢及门系统

**工程实践**

项目实践：电梯维修与调试

任务四
我的电梯"我做主"

维修与排故

电梯的导向机构与对重

门系统编程与调试

电梯的安全装置

**自主创新**

大赛设备

触摸屏编程与调试

项目创新：创新与拓展

任务五"群"策"群"力效率高

生活发现

并联群控

高峰模式

应用实践

**源于真实 服务真实**

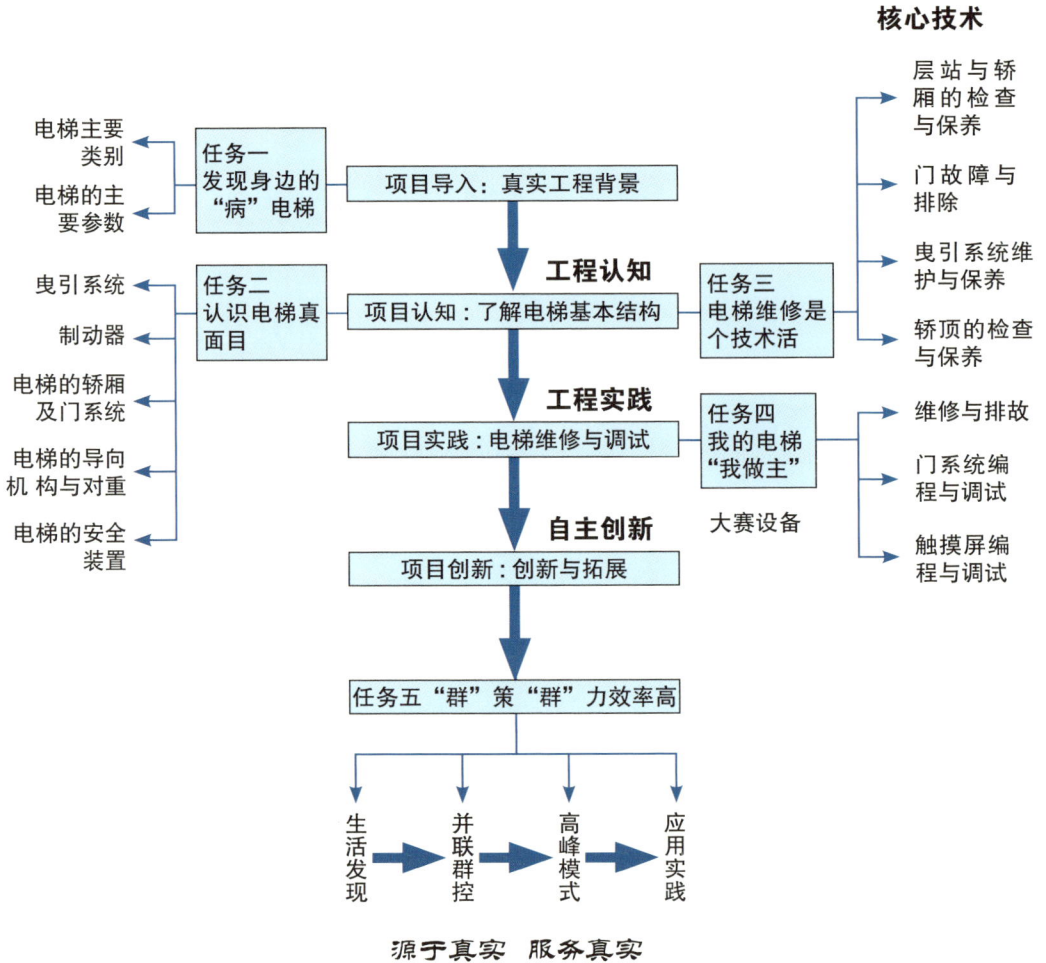

图 1 EPIP 教学流程

　　EPIP教学模式是以实际工程为背景，以学生动手制造、自主学习、自主探究为核心，突出培养学生的设计能力、合作能力、动手实践能力、问题解决能力和科学探究能力、创新能力的教学模式。

　　本项目案例来自奥的斯电梯和三菱电梯的真实背景，知识、技术（技能）、素养都源自实际工程情景。在工程背景下，实施工程实践导向、真实任务驱动式教学。项目一至项目五的编排依次递进，从发现探索到认识，从认识到实践，再从实践到探索创新，即从讲解电梯的基本结构与主要结构的维保技术开始，进入基于高仿设备的实际演练。实训设备与实际电梯具有很高的相似度，可以在实训设备上获得的实践经验能够比较轻松地"移植"到今后的实际工作中，体现了EPIP"从真实中来，回到真实中去"的思想精髓。实践任务的设计模块由浅入深，从排故维护到硬件安装，再到编程调试。每个模块的任务项目都非常容易入手，但很有代表性。从机械安装到变频器调试、PLC程序编写，再到触摸屏的设计，最后是拓展创新编写群控程序，期望让学生学到的技能不仅局限在电梯维护方面，而是学生掌握了这些技能后，可以灵活变化，融会贯通，创新扩展。项目虽然从电梯中来，而学生学会的不仅仅是电梯。EPIP教学流程，（见图1）。

人物角色：项目经理——刘勇，项目总工——谢飞，技术支持工程师——皮琳琳，维修工——徐玉寒和李瑞。项目经理刘勇教授曾在奥的斯电梯公司从业20多年。

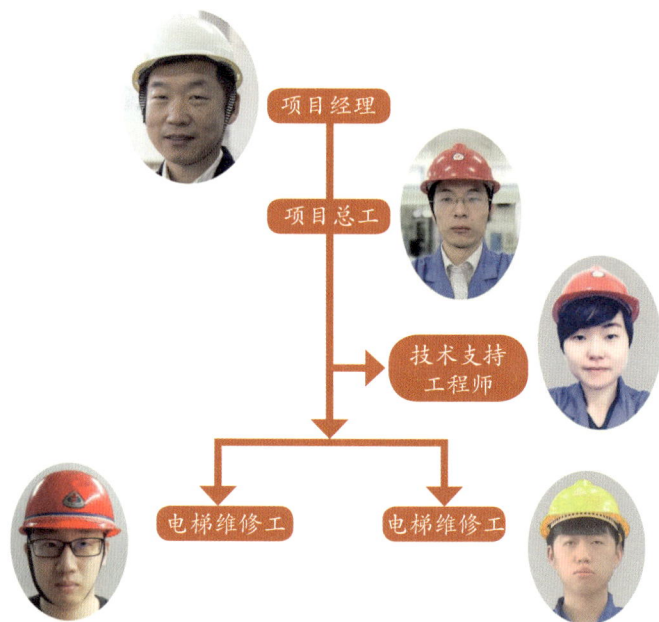

图2　人物关系结构图

项目引入

# 电梯行业"步步高"

　　EPIP教学模式，将墨子重视实践的"行为本""亲知"，将黄炎培的"建教合作"，将陶行知的"生活即教育、社会即学校""千教万教教人求真，千学万学学做真人"，结合技术技能人才培养的中国职业教育实际创立的教学模式。本课程应用EPIP教学模式，创新课程概论讲授模式，让学生真实体验课程魅力，完整了解课程意义，激发学习主动性，使得学生能够对电梯的行业发展、电梯的分类及常见故障有更深刻的认知，为后续项目的探索提供源动力。

## 任务目标

1.了解电梯行业的基本情况；

2.了解电梯的基本分类；

3.关注电梯有哪些常见故障。

电梯维修工徐玉寒在奥的斯电梯公司工作，负责维护一个小区电梯，该小区电梯使用时间均超过了10年。日前，徐玉寒刚汇总完成近一年小区的电梯报修记录。他和刚入职的李瑞交流起了工作经验，李瑞刚从职业技术学院毕业，正在公司进行入职前的技术培训。

EPIP的"实践性"要求紧贴工程实际，引导专业，服务产业。这里，刚刚入职的李瑞同学和维修工徐玉寒很关心自己的职业发展空间。于是，他们对电梯的行业背景和职业要求进行了探索了解。

## 任务一　了解电梯行业的相关背景

在奥的斯电梯公司实习几个月了，我觉得电梯行业是个很有发展前途的行业呢。我特地查阅了相关资料。

参考资料：

随着全球人口增长、城市化进程加快以及人们对便捷生活要求的提高，电梯得到越来越广泛的使用。近年来，全球电梯新安装量及保有量保持持续稳定增长，全球电梯新安装量从2010年约60.8万台增长到2015年约109万台，截至2015年底，全球电梯保有量约为1500万台。全球电梯行业在美国、日本、欧洲等国家起步，经过百余年的发展，形成了较高的行业集中度，奥的

人们生活水平的提高，推动电梯智能化的发展。巨大的市场需求，将是电梯行业再创辉煌的最好契机，同时也是电梯行业职业培训和教育大发展的良好机遇。

斯、三菱、通力、迅达等品牌逐渐成为全球电梯的知名品牌，占据了全球较大市场份额。

目前中国已成为世界上电梯保有量最大的国家，截至 2015年底，全国电梯保有量已达 426 万台。虽然我国电梯的保有量很大，但人均保有量只有世界平均数的 1/3，中国市场远未饱和。

> 为了学好这门技术，我特地了解了一下电梯的相关职业，我们可能从事的主要工作岗位为维修、安装管理、技术支持与调试检验，太有技术含量了！真是充满挑战啊！

> 据我了解，这些岗位对从业人员的素质要求是很全面的，你知道都有哪些要求吗？

> 当然知道啦！
> 做电梯保养，你要了解机房的主要工作部件及基本工作原理，能检查和保养机房电源、曳引机、控制柜、限速器、紧急救援装置等；能检查和保养门机系统；能检查和保养轿内操纵箱、通风装置、轿门开关电气检修装置等。
> 做维修的要求就更高啦。你要会判断各种电气故障，了解电动机的拖动原理，会看各种电气图纸，使用各种电气测量仪器，甚至要会PLC编程呢。

课程项目中所含的知识、技术（技能）、素养以工程为基础，源自工程、瞄准工程、服务工程。智能电梯项目要求学生掌握电气控制系统安装调试、传感器安装调试、机械安装调试等能力，能够支撑专业培养要求的能力，也都来自实际工程，最终服务于实际工程。

是的，如果做管理人员，你还要懂得工作计划的制定，监督计划的执行，与客户和工作人员的沟通和交流，并确保各种施工安全呢。

EPIP是从实际工程介绍开始，到在工程背景下展开实践活动，再到工程实践基础上不断创新的项目式教学模式。这里，是学生实习与交流的真实背景下展开的探索活动。

## 任务二　发现不同类型的电梯

这几天师傅给我讲了电梯结构，我发现电梯实在是个复杂的设备。

没错，而且电梯故障种类可多了。电梯门打不开或关不上、电梯不运行、按钮失灵等等，还有其他问题，有些问题虽小，但影响使用体验。

这不，徐玉寒和李瑞找到了项目经理刘勇，他可是在奥的斯电梯从业20多年的技术专家。

种类繁多，但万变不离其宗。电梯出现故障的原因主要是机械故障、电气元件失灵或程序故障。

电梯可以按照标准、用途、驱动方式、速度等进行不同的分类，细分起来有几十种之多，常见的分类有：

1.按用途可分为乘客电梯、载货电梯、医用电梯、杂物电梯、观光电梯、车辆电梯、船舶电梯、建筑施工电梯，以及一些特殊用途的电梯。见图3、图4、图5、图6、

图3　乘客电梯

图4　载货电梯

图5　观光电梯

图6　施工电梯

2.按驱动方式可分为交流电梯、直流电梯、液压电梯、齿轮齿条电梯、螺杆式电梯。见图7。

3.按速度可分为低速梯、中速梯、高速梯和超高速梯。

4.按有无司机可分为有司机电梯、无司机电梯两种。

5.按控制方式可分为手柄开关操纵电梯、按钮控制电梯、信号控制电梯、集选控制电梯、并联控制电梯和群控电梯。

图 7　液压电梯

电梯不但种类繁多，而且有多种规格。

## 任务三　认识电梯的主要参数

电梯的主要参数是电梯的额定载重和额定速度。

1.额定载重

杂物电梯限重在200kg（千克，下同）以下；客梯的额定载重系列为630kg、800kg、1000kg、1250kg、1600kg；住宅梯的重量系列为320kg、400kg、630kg、1000kg；病床电梯的额定载重系列为：1600kg、2000kg、2500kg；载货电梯的重量系列为630kg、1000kg、

1600kg、3000kg、5000kg。

2.额定速度

电梯的额定速度常见为0.63 m/s（米/秒，下同）、1.00 m/s、1.60m/s、1.75 m/s、2.00m/s、2.50m/s。额定速度不大于1m/s电梯称为低速电梯，多为货梯；额定速度大于1.00m/s，但小于或等于2.00m/s的电梯称为快速电梯，多为15层以内的多层用乘客电梯；额定速度大于2.00m/s，但小于4.00m/s的电梯称为高速电梯，多用于高层住宅、写字楼、宾馆等。额定速度大于或等于4m/s的电梯称为超高速电梯。

# 认识电梯的"真面目"

"盖今世之商战、工战，无非学战"为教育家黄炎培先生所提出，他极力主张教育应切合实际、发展能力。既要培养职业智能，又要培养职业道德与服务精神，既要学习科学知识，又要特别重视学习和实践能力的培养，手脑要联合训练。本课程通过一个个项目开展教学，将教、学、做融为一体，培养学生的认知能力、合作能力、创新能力、职业素养及职业能力，让学生认识电梯的整体结构、了解电梯的各组成部分的功能及作用，为后面的调试维修打下坚实的基础。

## 任务目标

1.了解电梯的整体结构；

2.认识电梯各部分功能。

刘教授，电梯不就是个带自动门的"铁屋子"吗？

那你可错了，电梯还有很多内部结构是你没有看到的。你有没有想过：这个"屋子"怎么能平稳安全地动起来呢？

## 任务一　认识电梯的基本结构

### 一、直梯的基本结构

1.直梯的结构

电梯分为两个部分八个系统，即机械部分和电气部分，曳引系统、轿厢系统、重量平衡系统、导向系统、门系统、电力拖动系统、电气控制系统、安全保护系统，其相互关系见图8。

真实事件，就是一个由真实情景、真实问题、真实需求构成的世界。从"乘客"的角度看，电梯系统的大部分是隐藏而"神秘"的。这就产生了认识它的真实需求。

哇！好复杂的结构啊，它们都有什么作用啊？

它们的作用当然都非常重要啦，缺一不可。

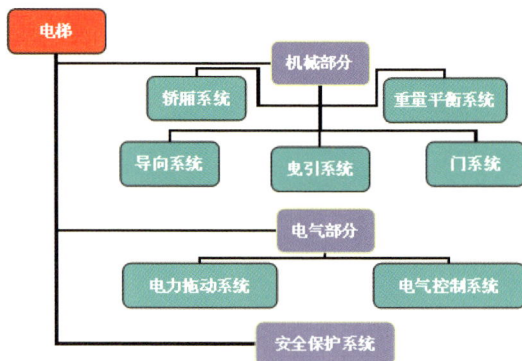

图 8　电梯的组成

**电梯基本结构图（钢丝绳式）**

机房
①控制柜
②主机
③曳引轮
④限速器

井道
⑤上强返减速开关
⑥上极限限位开关
⑦上限位开关
⑧主钢丝绳
⑨限速器钢丝绳
⑩轿厢导轨
⑪对重导轨
⑫对重
⑬下限位开关
⑭下极限限位开关
⑮下强返减速开关

底坑
⑯涨紧轮
　（限速器）
⑰对重缓冲器
⑱轿厢缓冲器

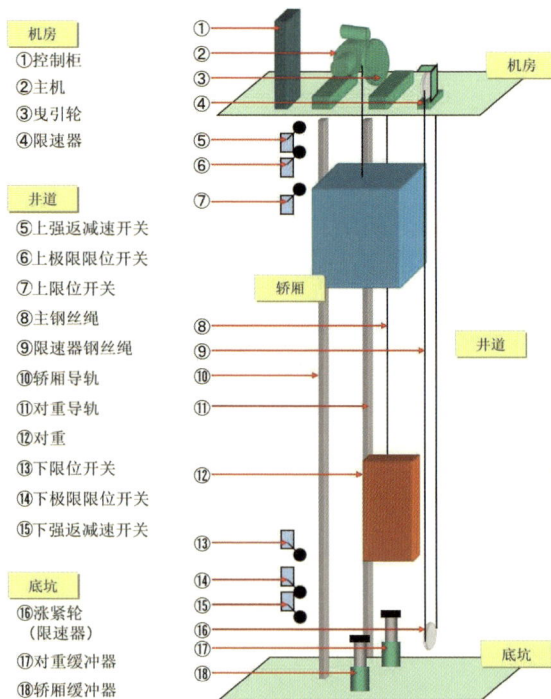

图 9　电梯的组成

2.电梯各部分的功能

电梯的八个系统相对独立，各系统的主要功能和构件、装置见表1。

电梯八大系统

电梯构成及运行原理

表1 电梯八个系统的功能及主要构件与装置

| | 功能 | 主要构件与装置 |
|---|---|---|
| 曳引系统 | 输出与传递动力，驱动电梯运行 | 曳引机、曳引钢丝绳、导向轮、反绳轮等 |
| 导向系统 | 限制轿厢和对重的活动自由度，使轿厢和对重只能沿着导轨作上、下运动，承受安全钳工作时的制动力 | 轿厢（对重）导轨、导靴及其导轨架等 |
| 轿厢 | 用以装运并保护乘客或货物的组件，是电梯的工作部分 | 轿厢架和轿厢体 |
| 门系统 | 供乘客或货物进出轿厢时用，运行时必须关闭，保护乘客和货物的安全 | 轿厢门、层门、开关门系统及门附属零部件 |
| 重量平衡系统 | 相对平衡轿厢的重量，减少驱动功率，保证曳引力的产生，补偿电梯曳引绳和电缆长度变化转移带来的重量转移 | 对重装置和重量补偿装置 |
| 电力拖动系统 | 提供动力，对电梯运行速度实行控制 | 曳引电动机、供电系统、速度反馈装置、电动机调速装置等 |
| 电气控制系统 | 对电梯的运行实行操纵和控制 | 操纵箱、召唤箱、位置显示装置、控制柜、平层装置、限位装置等 |
| 安全保护系统 | 保证电梯安全使用，防止危及人身和设备安全的事故发生 | 机械保护系统：限速器、安全钳、缓冲器、端站保护装置等 电气保护系统：超速保护装置、供电系统断相、错相 |

图 10 自动扶梯及人行横道

机房内的主要部件通常有主机、控制屏（柜）、限速器、选层器、极限开关等。井道内的主要部件通常有轿厢（及其安装在它上面的一些附件或设施,如轿门、轿顶轮、导靴、安全钳、悬挂装置、随行电缆等）、对重装置（及其安装在它上面的设施如导靴、悬挂装置等）、层门（及其附属设施如门锁、地坎等）等。底坑内的主要部件通常有缓冲器、对重侧护栏、限速绳张紧装置、补偿绳张紧装置等。

除了直梯，我们还经常见到的是扶梯。

扶梯的结构又是怎样的呢？

## 二、自动扶梯的基本结构

自动扶梯又称电扶梯,是带有循环运行的阶梯,用于向上或向下倾斜运送乘客的固定电力驱动设备。它能连续不断地乘载大量人流,因而适用于具有这种人流特点的大型公共建筑,如大型商场等。它不需要在建筑顶部安设机房、在底层考虑缓冲坑等,比电梯占用空间少,但是它的行驶速度缓慢。

它的结构按功能分为:支撑结构(桁架)、梯级系统、导轨系统、扶手带系统、扶手装置、安全保护装置、电气控制系统和自动润滑装置等。

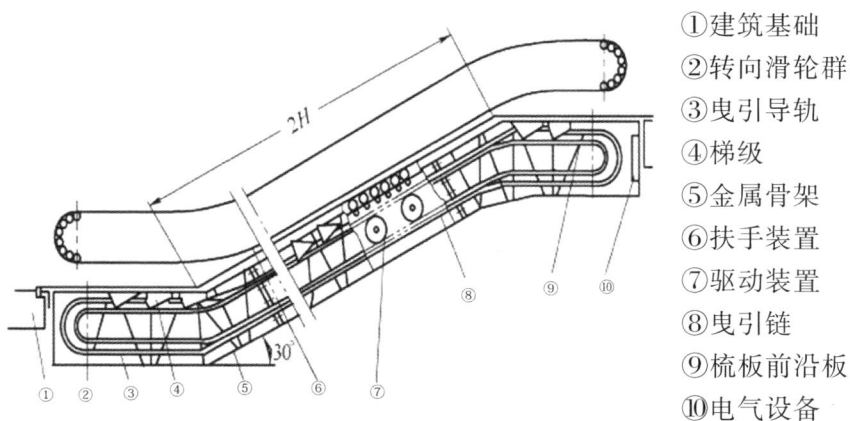

①建筑基础
②转向滑轮群
③曳引导轨
④梯级
⑤金属骨架
⑥扶手装置
⑦驱动装置
⑧曳引链
⑨梳板前沿板
⑩电气设备

图 11 自动扶梯结构图

## 任务二 认识直梯各部分的组成

### 一、曳引机与减速器

电梯曳引机构一般由电动机、制动器、减速箱及曳引轮所组成，可分为有齿轮曳引机和无齿轮曳引机。有齿轮曳引机的减速箱具有降低电动机输出转速、提高输出力矩的作用，绝大部分电梯曳引机选用交流电动机。见图12。

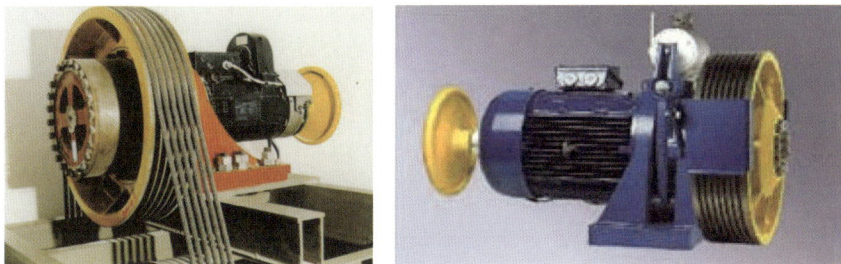

图 12　有齿轮曳引机

无齿轮曳引机由电动机直接驱动曳引轮。由于没有减速箱作为中间传动环节，因此具有传动效率高、噪声小、传动平稳等优点。但也存在体积大、造价高、维修复杂的缺点。见图13。

电梯常用的减速器有蜗轮蜗杆减速器、斜齿轮减速器、行星齿轮减速器三种。

蜗轮蜗杆减速器具有传动平稳、噪声低、抗冲击承载能力大，传动比大和体积小的优点，是电梯曳引机最常用的减速器。见图14。

斜齿轮减速器具有传动效率高、制造方便的优点，也存在着传动平稳性不如蜗轮传动、抗冲击承载能力不高、噪声较大的缺点。见图15。

　　行星齿轮减速器具有结构紧凑、减速比大、传动平稳性和抗冲击承载能力优于斜齿轮传动、噪声小等优点，在交流拖动占主导地位的中高速电梯上有广阔的发展前景。见图16。

图 13　无齿轮曳引机

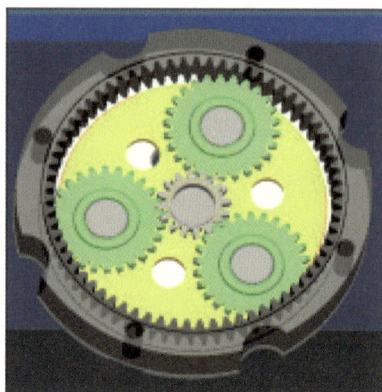

图 14　蜗轮蜗杆减速器

图 15　斜齿轮减速器

图 16　行星齿轮减速器

刘教授，电梯的屋子是怎么挂在曳引机上的啊？

是通过曳引钢丝绳！那可不是普通的钢丝绳！

## 二、曳引钢丝绳

曳引钢丝绳也称曳引绳，是电梯上专用的钢丝绳，其功能就是连接轿厢和对重装置，并被曳引机驱动使轿厢升降。见图17、图18。

钢丝是钢丝绳的基本组成件，此外还有一些端部连接装置，比如绳套、绳夹等。见图19、图20。

图 17 钢丝绳股状结构

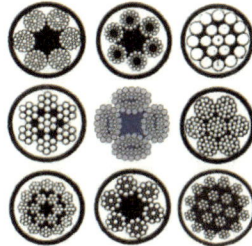

图 18 钢丝绳横截面图

图 19 自锁楔形绳套

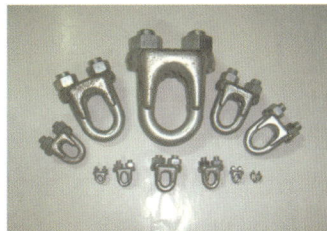

图 20 绳夹

电梯里还有另一位大力士——制动器！它能"抓住"曳引机使它动弹不得。

真是一物降一物……制动器怎么能"拿得住"电梯呢？

### 三、制动器

制动器的作用是保持轿厢的停止位置，防止电梯轿厢与对重的重量差产生的重力导致轿厢移动，保证进出轿厢的人员与货物的安全。

电梯制动器必须采用常闭式摩擦型机电式制动器；当主电路或控制电路断电时，制动器必须无附加延迟地立即制动。

电梯一般采用直流电磁铁开闸的瓦块式制动器。其制动轮与曳引轮连接。

卧式电磁铁制动器见图21。立式

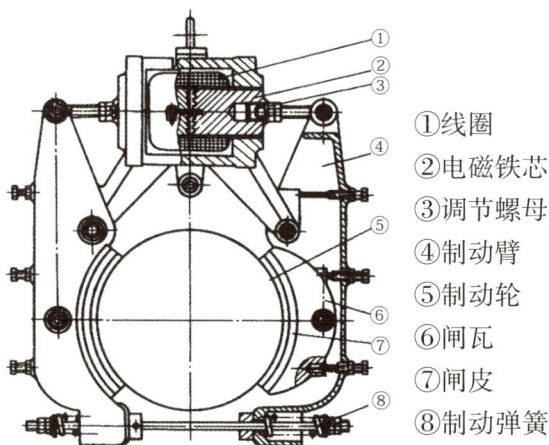

①线圈
②电磁铁芯
③调节螺母
④制动臂
⑤制动轮
⑥闸瓦
⑦闸皮
⑧制动弹簧

图 21 卧式电磁铁制动器

电磁铁制动器见图22。

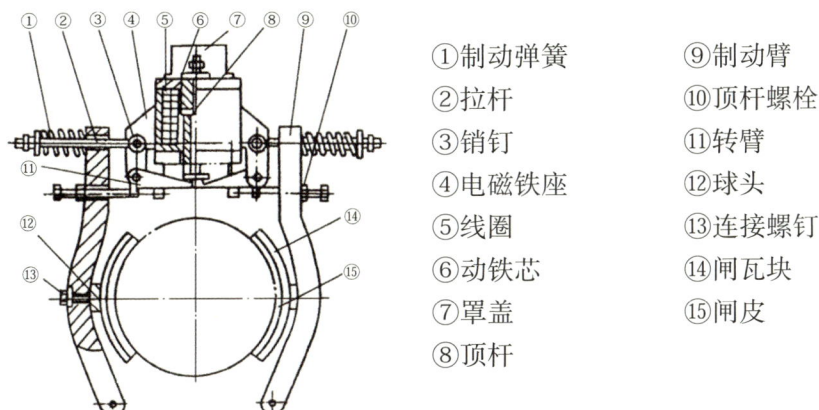

| | |
|---|---|
| ①制动弹簧 | ⑨制动臂 |
| ②拉杆 | ⑩顶杆螺栓 |
| ③销钉 | ⑪转臂 |
| ④电磁铁座 | ⑫球头 |
| ⑤线圈 | ⑬连接螺钉 |
| ⑥动铁芯 | ⑭闸瓦块 |
| ⑦罩盖 | ⑮闸皮 |
| ⑧顶杆 | |

图 22 立式电磁铁制动器

刘教授，那个小屋子的门……

别小屋子啦，专业术语叫"轿厢"！至于那门，可就复杂了。我们一起来看看！

## 四、电梯的轿厢及门系统

1.轿厢

轿厢主要由轿厢架和轿厢体两部分构成，其中还包括若干个构件和有关的装置。见图23。

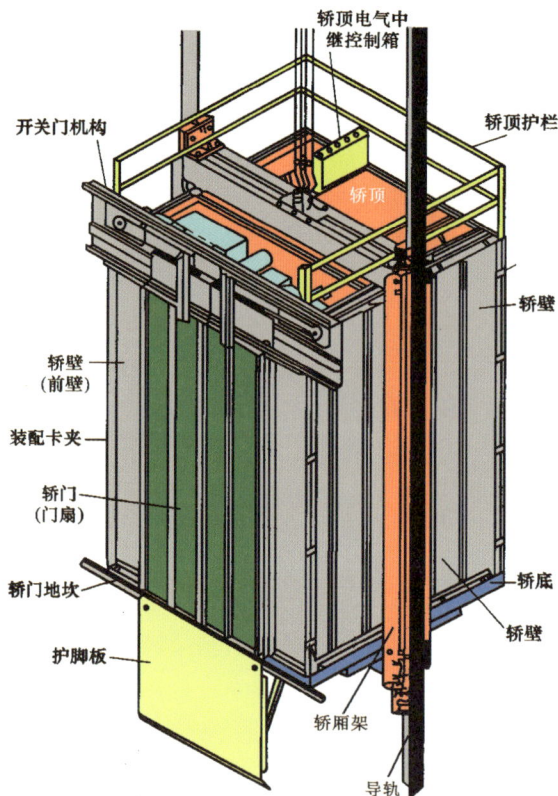

图 23  轿厢结构图

轿厢体形态像一个大箱子，由轿底、轿壁、轿顶及轿门等组成。轿内壁板面上通常贴有一层防火塑料板，轿顶下面装有装饰板，在装饰板的上面安装照明、风扇。另外，为防止电梯超载运行，多数电梯在轿厢上设置了超载装置。

2.电梯门系统

门系统主要包括轿门（轿厢门）、层门（厅门）与开门关门等系统及其附属的零部件。轿门是设置在轿厢入口的门，是设在轿厢靠近层门的一侧，轿门带动层门。层门上装有电气、机械连锁装置的门锁。只有轿门开启才能带动层门的开启，只有轿门、层门完全关闭后，电梯才能运行。见图24。

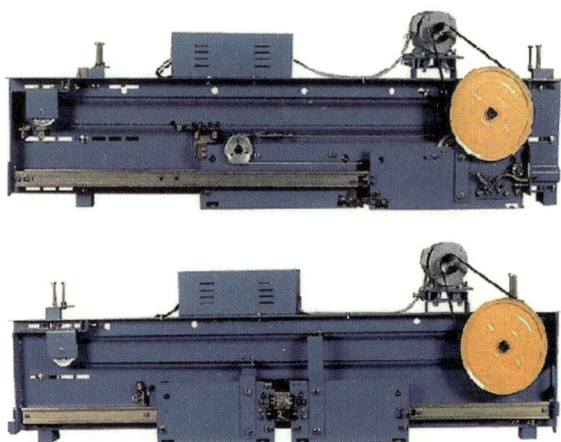

图 24　电梯门机

轿厢悬在空中，为什么不会像秋千一样晃动起来呢？

这个问题问得好！因为我们让它牢牢地抓在了轨道上！

## 五、电梯的导向机构与对重

导向系统在电梯运行过程中，限制轿厢和对重的活动自由度，使轿厢和对重只沿着各自的导轨做升降运动。电梯的导向系统包括轿厢导向和对重导向两个部分。

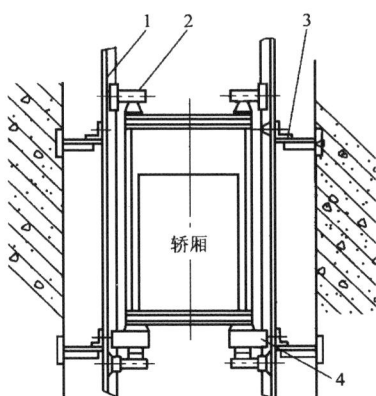

| ①导轨 | ③导轨支架 |
|---|---|
| ②导靴 | ④安全钳 |

图 25　轿厢导向系统

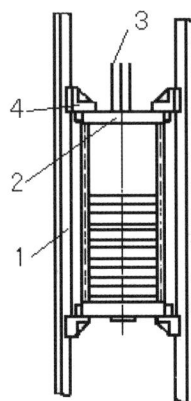

| ①导轨 | ③曳引绳 |
|---|---|
| ②对重 | ④导靴 |

图 26　对重导向系统

不论是轿厢导向还是对重导向均由导轨、导靴和导轨架组成。见图25、图26。

轿厢以两根（至少）导轨和对重导轨限定了轿厢与对重在井道中的相互位置；导轨架作为导轨的支撑件，被固定在井道壁上；导靴安装在轿厢和对重架的两侧（轿厢和对重各自装有至少四个导靴），导靴的靴衬（或滚轮）与导轨工作面配合，使一部电梯在曳引绳的牵引下，一边为轿厢，另一边为对重，分别沿着各自的导轨作上、下运行。

1.导靴

使轿厢和对重沿导轨上下运动的装置为导靴，导靴设置在轿厢和对重装置上，其利用导靴内的靴衬（或滚轮）在导轨面上滑动（或滚动）滑动导靴又分为固定滑动导靴和弹性滑动导靴。见图27、图28。滚轮导靴见图29。

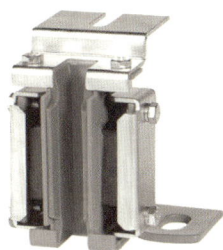

图 27　固定滑动导靴　　　　图 28　弹性滑动导靴　　　　图 29　滚轮导靴

2.导轨

导轨的作用是轿厢和对重在竖直方向运动时的导向，限制轿厢和对重的活动自由度，引导轿厢或对重运动的方向。见图30。

图 30　电梯导轨

曳引绳的这一端挂着轿厢，那另一端呢？

你想问题越来越周全了哈！另一端当然不能空着，否则怎么挂得住呢？另一端叫对重。

对重，又称平衡重，相对于轿厢悬挂在曳引绳的另一侧，起到相对平衡轿厢的作用。见图31。

重量平衡系统一般由对重装置和重量补偿装置两部分组成。见图32。

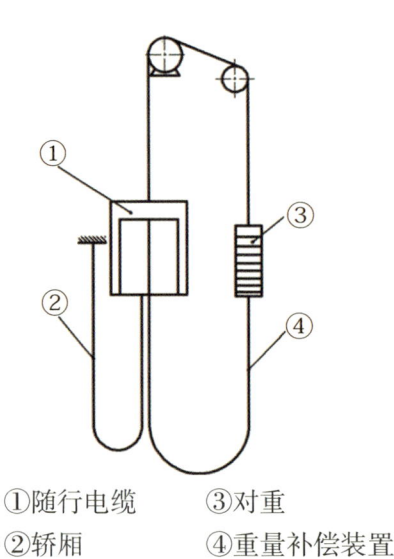

①随行电缆　③对重
②轿厢　④重量补偿装置

图31　重量平衡系统

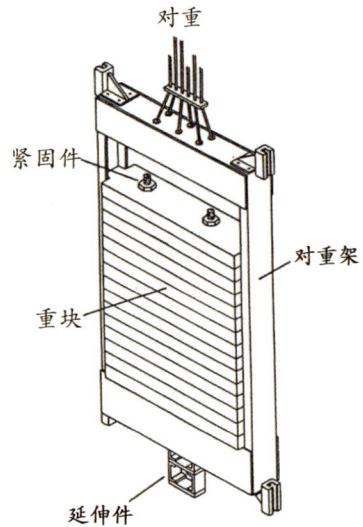

图32　电梯对重结构图

我现在终于知道电梯是怎么回事了！

别急，还差得远呢。要想让人安全地乘坐电梯，大量的安全保护装置默默地为你保驾护航，你都不知道呢！

## 六、电梯的安全装置

1.限速器

限速器是电梯安全运行中最为重要的安全装置之一。

电梯正常运行时，电梯轿厢与限速器绳以相同的速度升降，两者之间无相对运动，限速器绳绕两个绳轮运转；当电梯出现超速并达到限速器设定值时，限速器中的夹绳装置动作，将限速器绳夹住，使其不能移动，但由于轿厢仍在运动，于是两者之间出现相对运动，限速器绳通过安全钳操纵拉杆拉动安全钳制动元件，安全钳制动元件则紧紧地夹持住导轨，利用其间产生的摩擦力将轿厢制停在导轨上，保证电梯安全。见图33。

限速器通常分为单向限速器和双向限速器。见图34、图35。

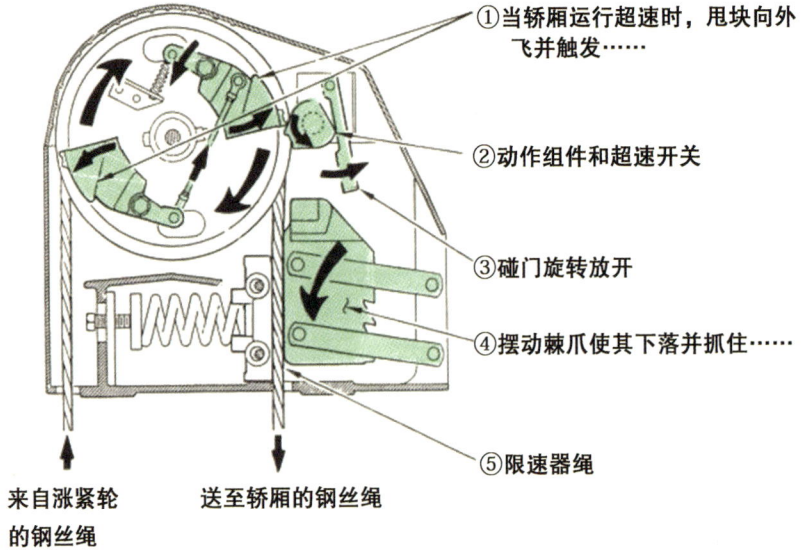

①当轿厢运行超速时，甩块向外飞并触发……

②动作组件和超速开关

③碰门旋转放开

④摆动棘爪使其下落并抓住……

⑤限速器绳

来自涨紧轮的钢丝绳

送至轿厢的钢丝绳

图 33　限速器工作原理

图 34　单向限速器

图 35　双向限速

## 2.安全钳

电梯安全钳装置是在限速器的操纵下，当电梯出现超速、断绳等非常严重故障后，将轿厢紧急制停并夹持在导轨上的一种安全装置。它对电梯的安全运行提供有效的保护作用，一般将其安装在轿厢架或对重架上。见图36。

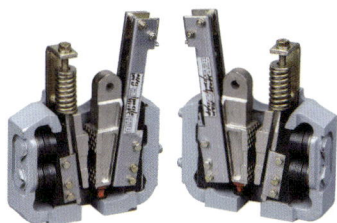

图36 电梯安全钳装置

安全钳

安全钳限速器联动实训平台2

安全钳限速器联动实训平台1

安全钳限速器联动实训平台3

3.缓冲器

①缓冲橡胶
②上缓冲座
③缓冲弹簧
④地脚螺栓
⑤弹簧座

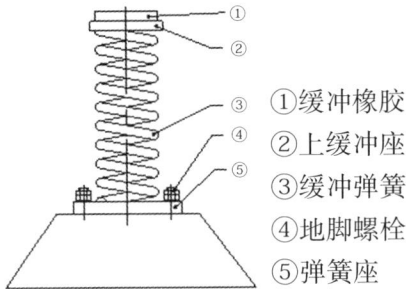

图37 弹簧缓冲器

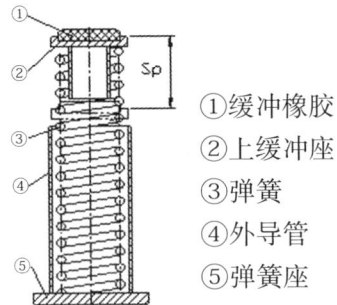

①缓冲橡胶
②上缓冲座
③弹簧
④外导管
⑤弹簧座

图38 带导套弹簧缓冲器

缓冲器安装在井道底坑内，要求其安装牢固可靠，承载冲击能力强，缓冲器应与地面垂直并正对轿厢（或对重）下侧的缓冲板。缓冲器是一种吸收、消耗运动轿厢或对重的能量，使其减速停止，并对其提供最后一道安全保护的电梯安全装置。缓冲器按照其工作原理不同，可分为蓄能型和耗能型两种。见图37、图38、图39。

图39 聚氨酯缓冲器

4.强迫减速开关

终端限位保护装置的功能就是防止由于电梯电气系统失灵，轿厢到达顶层或底层后仍继续行驶（冲顶或蹲底），造成超限运行的事故。此类限位保护装置主要由强迫减速开关、终端限位开关、终端极限开关等三个开关及相应的碰板、碰轮和联动机构组成。见图40、图41。

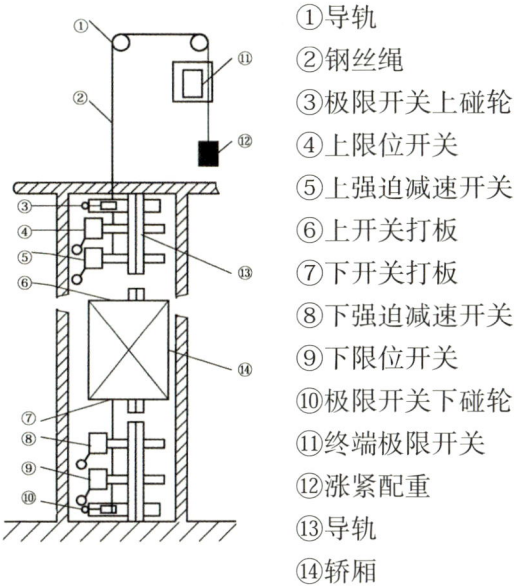

①导轨
②钢丝绳
③极限开关上碰轮
④上限位开关
⑤上强迫减速开关
⑥上开关打板
⑦下开关打板
⑧下强迫减速开关
⑨下限位开关
⑩极限开关下碰轮
⑪终端极限开关
⑫涨紧配重
⑬导轨
⑭轿厢

图40　终端超越保护装置

轿门安全保护装置

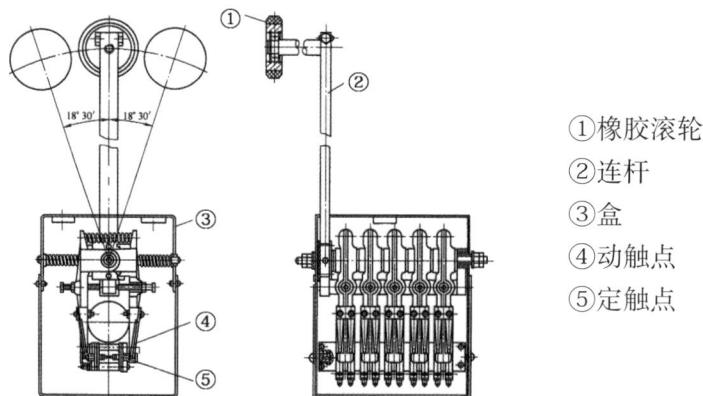

①橡胶滚轮
②连杆
③盒
④动触点
⑤定触点

图 41　端站强迫减速开关装置

### 5.层门门锁

层门门锁是确保层门能真正起到使层站与井道隔离，防止人员坠入井道或剪切而造成伤害的极其重要的一个安全装置。在正常运行时，应不可能打开层门。如果一扇层门（或多扇层门中的任何一扇门）开着，在正常操作情况下，应不可能启动电梯，也不可能使它保持运行。每个层门均应设紧急开锁装置，在一次紧急开锁以后，当无开锁动作时，锁闭装置在层门闭合下，不应保持开锁位置。见图42。

### 6.超载限制装置

超载限制装置是一种设置在轿底、轿顶或机房，当轿厢超过额定负载时，能发出警告信号并使轿厢不能运行的安全装置。

设置超载限制装置是为防止轿厢超载引起机械构件损坏及因超载而可能造成的溜车下滑事故。见图43。

除了上面介绍的安全保护装置外，电梯还有其他一些安保措

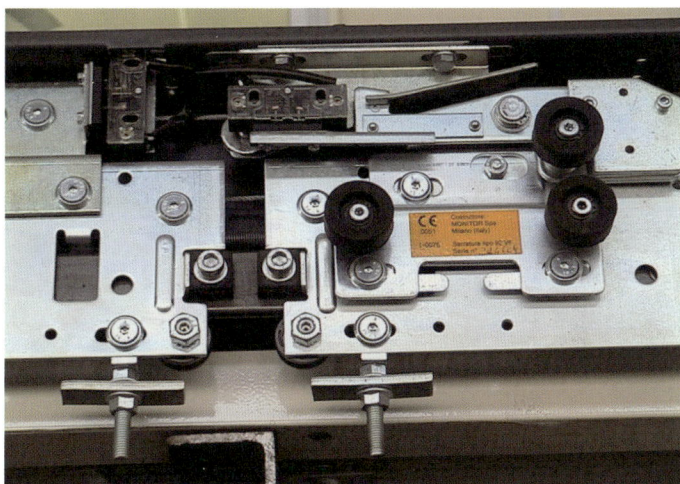

图 42 层门门锁

图 43 电梯超载传感器

施。比如：轿厢顶部安全窗、轿顶护栏、电梯急停开关、轿厢护脚板、超速保护开关、曳引电动机的过载保护、电路短路保护等等，可谓"层层保驾"乘客的安全。

原来如此，电梯的设计真是周到又巧妙呢。

是的，电梯其实应该是很安全的"轨道"交通工具，只要你维护得精心到位！

# 电梯维护是个"技术"活

　　EPIP的工程化就是要使学生学会解决真实情境中的问题。这一部分可以说是用真实工程项目的大背景"包装"了电梯的关键技术。让学生在有明确目的——"我要修电梯"的意识中，有的放矢，饶有兴致地学习。当学生奠定了适度够用的技术基础后，则会在下一个项目中立即派上用场，让学生尽快得到学习的成就感。

## 任务目标

1.了解电梯机械部分的日常检查与维修；

2.理解PLC控制器的基本原理；

3.了解变频器的基本原理和接线方法；

4.对触摸屏技术有基本的认识。

我们应该如何维护电梯呢？

具体维护，我们听听电梯维保工程师谢工怎么说。

电梯维保可是个胆大心细的活。工作要遵守严格的流程规范，我来说说具体的维护方法吧。

EPIP教学模式，创新专业认知，让学生在亲身体验中认识专业特色、巩固专业思想，提高专业学习兴趣、职业忠诚度和自信心，是非常重要的。职业认知也是专业认知教育的重要内容。

电梯是特种设备，维修维护必须符合严格的操作规范和流程。在下面的任务中，学生学到的不仅是维修的原理，同时也可以养成规范的职业素质。

## 任务一 机械结构的检查与保养

1.门的故障与排除

电梯门频繁开闭动作，上面的元件容易磨损老化。很多事故的发生都和层门、轿门的故障有关，要特别注意维护。电梯门经常出现的故障现象及原因如下表所示。

表2　电梯门故障及原因

| 故障现象 | 故障原因 |
| --- | --- |
| 电梯能关门，但电梯到站不开门 | ①开门继电器失灵或损坏。<br>②电梯停车时不在平层区域。<br>③平层感应器（或光电开关）失灵或损坏。 |
| 电梯能开门，但不能自动关门 | ①关门行程限位开关（或光电开关）动作不正确或损坏。<br>②门安全触板或光幕光电开关动作不正确或损坏。<br>③关门继电器失灵或损坏。 |
| 电梯能开门，但按下关门按钮不能关门 | ①关门行程限位开关（或光电开关）动作不正确或损坏。<br>②门安全触板或光幕光电开关动作不正确或损坏。<br>③关门继电器失灵或损坏。 |
| 电梯能关门，但按下开门按钮不开门 | ①开门继电器失灵或损坏。<br>②开门行程限位开关（或光电开关）动作不正确或损坏。<br>③有关开门线路断了或接线松开。 |

2.曳引系统的维护与保养

曳引系统包含曳引机和电磁制动器，是电梯运动的动力来源，要特别注意日常的维护保养。常见的保养项目如图所示。

图44　曳引系统维护与保养

　　曳引机、电动机需要经常清除电动机内部和换向器、电刷等部分的灰尘，不能积灰或让水和油侵入电动机内部。每季度要检查一次电动机绕组与外壳的绝缘电阻，检查电动机碳刷的压力，还有电动机轴与减速器输入轴的连接。

电梯困人救援

电磁制动器需要检查制动器两侧闸瓦在松闸时离开制动轮的间隙。清洁制动器轴销与销孔内的积灰或油垢。调整制动器主弹簧的预紧力，使压力适当，使电梯能停靠准确平层和乘坐安全舒适。

图 45　维护电磁制动器

3.轿顶的检查与保养

曳引绳、开门机等位于电梯轿厢的顶部，所以需要维护人员定期上到轿箱顶部检查和维护。

在检查轿顶时，要用轿厢按钮或紧急操作的方法将轿顶移动到与层楼同一水平面的位置，进入轿顶。但这时轿厢内应派一名助手值班，然后用紧急开锁打开层门进入轿顶。要检查轿顶上横梁上的绳头板与绳头的结合是否牢固可靠，并且清除一切杂物灰尘和油垢。对自动开关门机做好清洁润滑工作。检查开关门直流电动机碳刷的磨损情况，查看开关门机构的传动是否灵活可靠，以及开关门的摇机和铰轴是否转动灵活、润滑良好、动作可靠。

图46 轿顶检查与维护

## 任务二 认识电梯的"大脑"——PLC 控制器

1.什么是PLC

PLC是可编程序控制器的缩写。它可是电梯的大脑。人们的选层信息，目的楼层信息，都靠它来读取并保存。更主要的是，它依靠强大的运算能力，指挥电梯的上下运动。

仿真电梯

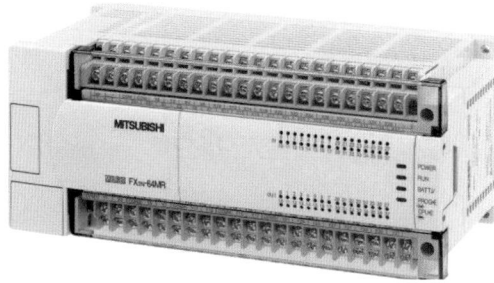

图 47　三菱 PLC

2.PLC的编程语言

梯形图指令语句表都是PLC的编程语言，其中最常用的是梯形图。它是一种从继电接触控制电路图演变而来的图形语言。借助类似于继电器的动合、动断触点、线圈以及串、并联等术语和符号，根据控制要求连接而成的表示PLC输入和输出之间逻辑关系的图形，直观易懂。

梯形图中常用见┤├、┤/├图形符号分别表示PLC编程元件的动合和动断接点；

用─○─表示它们的线圈。梯形图中编程元件的种类用图形符号及标注的字母或数字加以区别。

3.PLC的编程步骤

PLC的编程一般按照下面的步骤进行：

（1）决定系统所需的动作及次序。

①第一步是设定系统输入及输出数目，可由系统的输入及输出分立元件数目直接取得。

②第二步是决定控制先后、各器件相应关系以及做出何种反应。

（2）将输入及输出器件编号。

每一输入和输出，包括定时器、计数器、内置继电器等都有一个唯一的对应编号，不能混用。

（3）画出梯形图。

根据控制系统的动作要求，按统一规则画出梯形图。

①触点应画在水平线上，不能画在垂直分支上。应根据自左至右、自上而下的原则和对输出线圈的几种可能控制路径来画。

②不包含触点的分支应放在垂直方向，不可放在水平位置，以便于识别触点的组合和对输出线圈的控制路径。

③在有几个串联回路相并联时，应将触头多的那个串联回路放在梯形图的最上面。在有几个并联回路相串联时，应将触点最多的并联回路放在梯形图的最左面。

④不能将触点画在线圈的右边，只能在触点的右边接线圈。

（4）调试程序。

可以先用软件的仿真功能做测试，但是很多烦琐的程序很难用软件仿真看出程序是否正确。那么，则需要将程序下传到PLC中进行在线的调试。

（5）保存完整的控制程序。

## 任务三　变频器调速技术

电梯能平稳上升、下降和启动停靠，全靠变频器对电机速度的精确掌控。对它进行简单的参数设置，它就可以精确地控制电机按照S形曲线加速减速，使乘客感到平稳安全和舒适。

图 48　三菱变频器外观

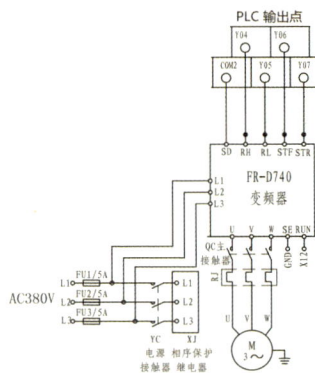

图 49　变频器与 PLC 接线

变频器还可以和PLC连接，根据PLC的指令对电机的电源频率、电压进行调节，实现电梯的上升、下降、多段调速、加减速等控制。同时它也可以将自身的工作状态发送给PLC。

## 任务四　触摸屏人机界面

触摸屏（touch screen）可用于显示电梯的当前楼层信息、运行方向和其他丰富的服务信息，比如日期，甚至天气等等。它是一种可接收触摸的感应式液晶显示装置，当接触了屏幕上的图形按钮时，屏幕上的触觉反馈系统可根据预先编程的程序驱动各种连接装置，可用以取代机械式的按钮面板，并借由液晶显示画面制造出生动的影音效果。触摸屏作为一种最新的电脑输入设备，它是目前最简单、方便、自然的一种人机交互方式。

正视图                          背视图

图 50　MCGS 触摸屏

　　触摸屏常和PLC配合使用，可取代接触器—继电器控制系统中的按钮、开关等主令电器，也可取代指示灯、仪表、数字显示等输出器件。不仅可以简化其接线，而且工作的可靠性大大提高。而触摸屏画面的制作，要借助于其他的软件来实现。

　　MCGS的TPC7062K触摸屏，则是一套以嵌入式低功耗CPU为核心(主频400MHz)的高性能嵌入式一体化触摸屏。它采用了7英寸高亮度TFT液晶显示屏(分辨率800×480)，同时还预装了微软嵌入式实时多任务操作系统WinCE.NET和MCGS嵌入式组态软件。如图所示，为MCGS的接口及与三菱PLC的连接。

LAN

USB1

USB2

电源接口

串口

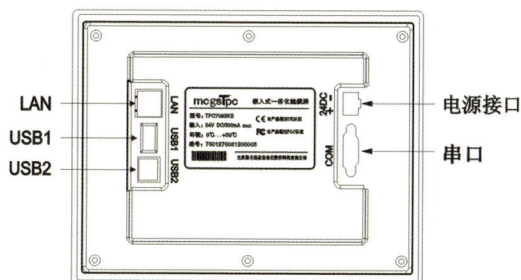

图 51　TPC7062K 触摸屏的接口

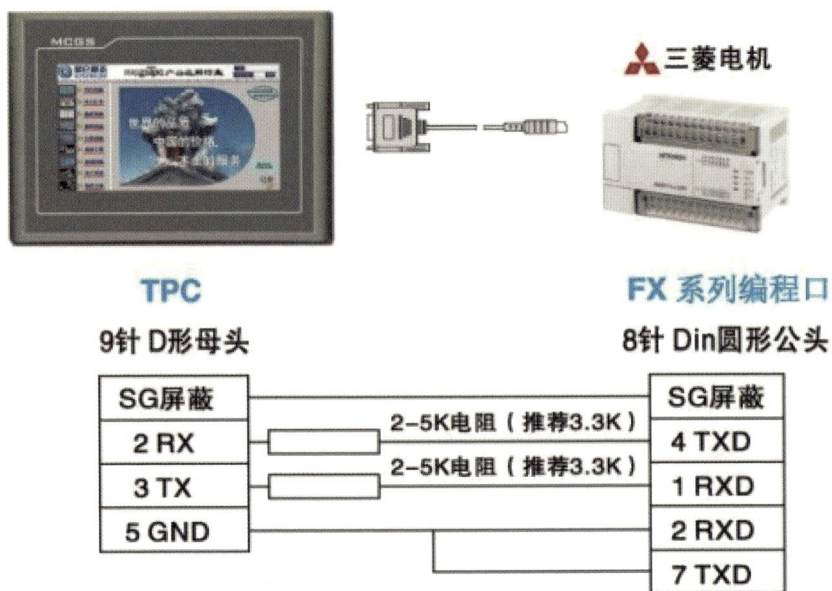

图 52　TPC7062K 触摸屏与 PLC 接线

# 我是"电梯工程师"

本项目中的电梯属于国家特种设备，真实的电梯井道、轿顶等部分在教学场景中很难实现。这里采用大赛设备来作为教学载体，既能模拟真实的工程对象，又方便教学的开展。

学习中，学生多在仿真虚拟情境的环境下进行具体学习，仿真虚拟情境是一个替代真实世界的情境，抽取要素的载体是一种代替。但是在教学过程中，教师应该让学生始终知道这个代替的真实对象是什么。

### 任务目标

1.能在THJDDT-5电梯仿真模型上进行硬件排故；

2.会安装调试电梯门、限速器、变频器等设备；

3.会编写简单的电梯控制程序；

4.会开发简单的触摸屏监控画面。

大家好！我向大家介绍一下THJDDT-5模拟4层电梯系统。在这套系统上我们可以模拟真实电梯的大多数故障，非常适合同学们"实战"练习哦！

本装置是专门为职业院校开设的电梯工程控制技术、楼宇智能化工程技术、建筑电气工程、电气自动化、机电一体化、机械制造与自动化等相关专业而研制的，装置根据智能建筑中升降电梯的构造按照一定的比例缩小设计，所用设备、器件与实际电梯基本一致。见图53。

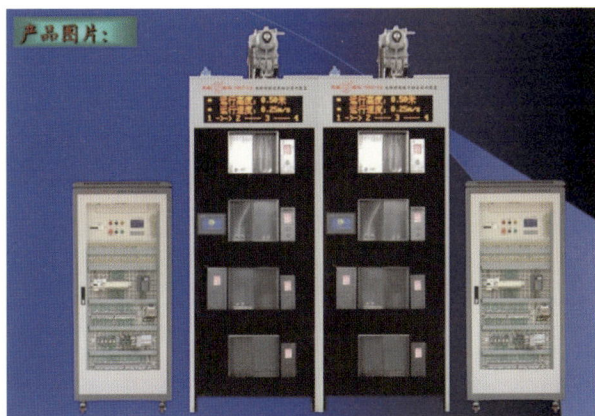

图53 THJDDT-5电梯仿真设备

## 任务一　电梯仿真实训装置维修与排故

表3　电梯真实故障现象与仿真故障点

| 真实电梯故障现象 | 仿真设备仿真故障点 |
| --- | --- |
| 电梯上下行故障（不能上下行） | K1，K2，K3，K4 |
| 开关门故障 | K5，K6，K7 |
| 内选按钮故障 | K8-K11 |
| 外召唤按钮故障 | K12-K17 |
| 各种安全回路故障 | K18-K37 |
| 输出显示故障 | K38-K44 |
| 电梯速度控制故障 | K45-K48 |

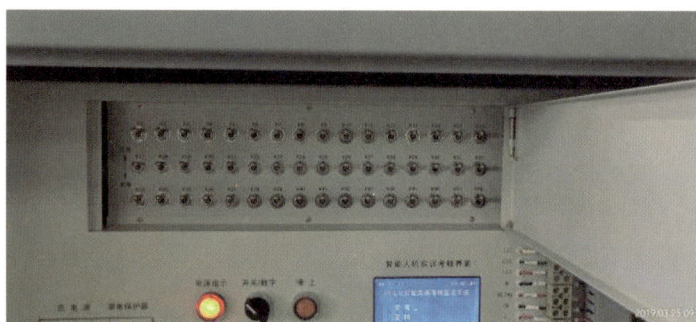

图54　仿真设备故障箱

皮老师，电梯的原理我们已经了解不少了，正想实战一下呢。

好啊，我们一起来进行一下排故的实战演练。

## 子任务一　电梯上下行故障的现象判断与排除

仿真设备的故障箱模拟的是真实电梯的常见故障。故障钮子开关向下拨时即为设定故障。

故障1：GU（118）上强返减速感应器损坏，电梯不能上行，但可下行，下行直接到底，数码管楼层显示为4层。

排故：当故障钮子开关1向下拨时，电梯不能上行。这时只需短接线号118（端子排1）同PLC线号X03/I0.3（PLC输入），电梯即可正常运行。恢复钮子开关1后，请拆除短接线。

故障2：GD（119）下强返减速感应器损坏，电梯不能下行，但可上行，上行直接到顶，数码管楼层显示为1层。

排故：当故障钮子开关2向下拨时，电梯不能正常下行。这时只需短接线号119（端子排1）同PLC线号X04/I0.4（PLC输入），电梯即可正常运行。恢复钮子开关2后，请拆除短接线。

故障3：SW（120）上限位感应器损坏，电梯不能上行，但可下行，下行直接到底。

排故：当故障钮子开关3向下拨时，电梯不能正常上行，这时只需短接线号120（端子排1）同PLC线号X10/I1.0（PLC输入），电梯即可正常运行。恢复钮子开关3后，请拆除短接线。

这是电梯出现的夹人故障的主要原因。

### 子任务二　电梯门动作故障的现象判断与排除

排故：当故障钮子开关5向下拨时，安全触板无效。这时只需短接线号122（端子排1）同PLC线号X14/I1.4（PLC输入），电梯即可正常运行。恢复钮子开关5后，请拆除短接线。

故障6~7: AK（123）、AG（124），开关门按钮失灵，不能开关门。

排故：当故障钮子开关6向下拨时，开门按钮失灵，不能开门。这时只需短接线号123（端子排1）同PLC线号X14/I1.4（PLC输入），电梯即可正常运行。恢复钮子开关6后，请拆除短接线。

排故：当故障钮子开关7向下拨时，关门按钮失灵，不能关门。这时只需短接线号124（端子排1）同PLC线号X15/I1.5（PLC输入），电梯即可正常运行。恢复钮子开关7后，请拆除短接线。

内选与外召唤按钮被频繁使用，很容易失灵哦！

### 子任务三　电梯按钮故障的现象判断与排除

故障8~9:2XA(2X-132)、 4XA(4X-134)，外召唤下呼按钮失灵，所选楼层按钮信号不能登记。

排故：当故障钮子开关8向下拨时，1层内选按钮失灵，所选楼层按钮信号不能登记。这时只需短接线号125（端子排1）同PLC线号X20/I2.1（PLC输入），电梯即可正常运行。恢复钮子开关8后，请拆除短接线。

开关9~11故障钮子向下拨时，故障与排除方法同上。

故障12~14：1SA（1S-129）、2SA（2S-130）、3SA（3S-131），外召唤上呼按钮失灵，所在楼层上呼按钮信号不能登记。

排故：当故障钮子开关12向下拨时，1层上呼按钮失灵，该楼层上呼按钮信号不能登记。这时只需短接线号129（端子排1）同PLC线号X24/I2.5（PLC输入），电梯即可正常运行。恢复钮子开关12后，请拆除短接线。

### 任务二　电梯机械系统的安装调试

#### 子任务一　电梯门系统的安装调试

①步骤一：整理器件及工具。将门板、门连锁、牵引绳等部件数点整齐，准备好平口钳、活动扳手、一字螺丝刀、内六角等工具

②步骤二：将门板与门连锁装置组装好

③步骤三：将门板安装在层门口处

④步骤四：调整牵引绳至合适的松紧程度

⑤安装完成如图

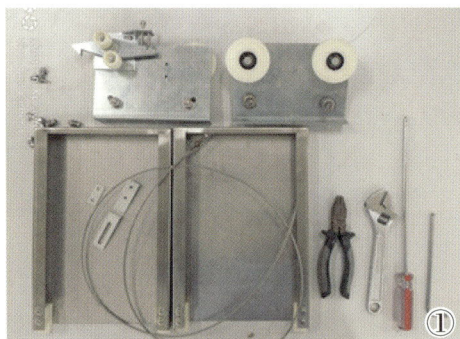

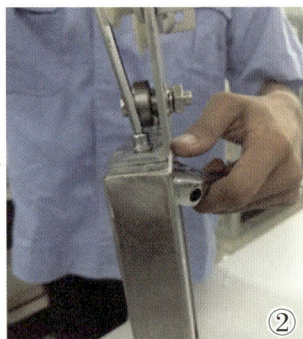

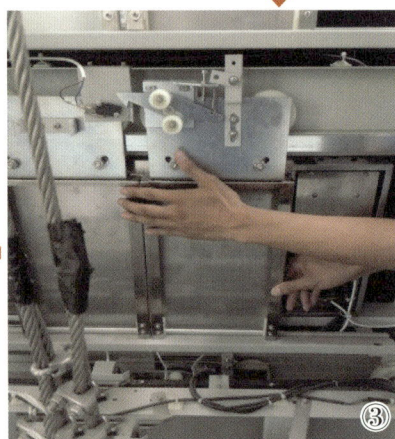

### 子任务二　限速系统的安装调试

①步骤一：将限速绳、绳夹、涨紧轮重量块准备好

②步骤二：将限速绳安装在限速轮上

③步骤三：将门板安装在层门口处

④步骤四：将限速绳的两端连接在安全钳上，用绳夹固定

⑤步骤五：将涨紧轮挂接在限速绳的下端，调整位置，使之不会碰到断绳检测微动开关。安装完成

## 任务三　PLC 程序编写与调试

除了硬件排故和安装外，我们也需要知道电梯的程序是如何编写和运行的。现在我们编写一些简单的控制程序吧。

好的！我们试一试！

陶行知讲，教、学、做是一件事，不是三件事。"不在做上用工夫，教固不成为教，学也不成为学。"智能电梯项目不仅给学生讲知识，更为学生提供"做"的机会。有的任务并没有统一的答案，学生"做"的过程本身就是答案了。

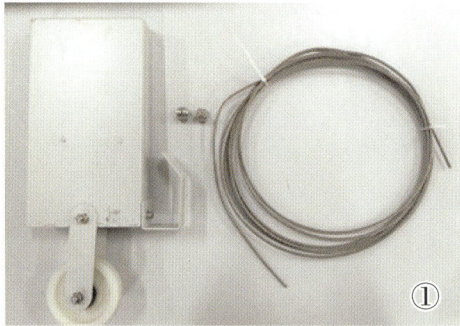

## 子任务一 电梯门控制程序的编写

功能要求：检修开关设置为正常时，按开门按钮后门打开，开门到位5秒后自动关闭；或按关门按钮实现关门；检修开关设置为检修时，按开门按钮开门，松开后立即停止开门动作；按关门按钮关门，松开后停止关门动作。I/O分配表如下表所示。

表4 I/O分配表

| X14 | 开门按钮 |
|---|---|
| X15 | 关门按钮 |
| Y26 | 开门继电器 |
| Y27 | 关门继电器 |

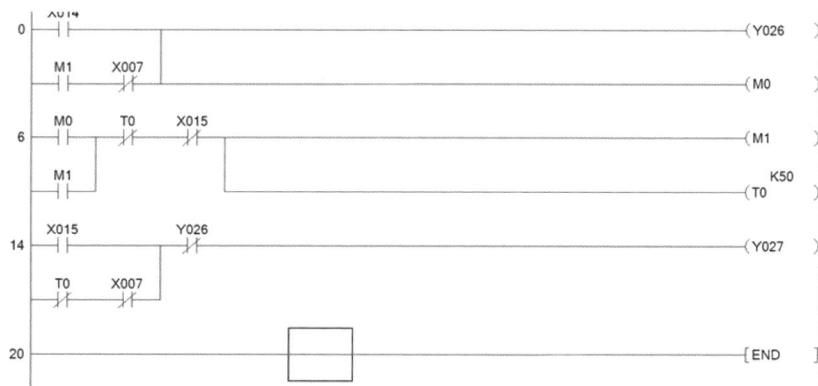

图55 子任务一程序梯形图

## 子任务二 电梯慢上慢下运行

功能要求：按慢上按钮电梯低速上行，松开后停止上行；按慢下按钮电梯低速下行，松开后停止下行。I/O分配如下表所示。

表5　I/O分配表

| X10 | 上限位开关 |
|---|---|
| X11 | 下限位开关 |
| X20 | 慢下按钮 |
| X23 | 慢上按钮 |
| Y6 | 上行信号 |
| Y7 | 下行信号 |

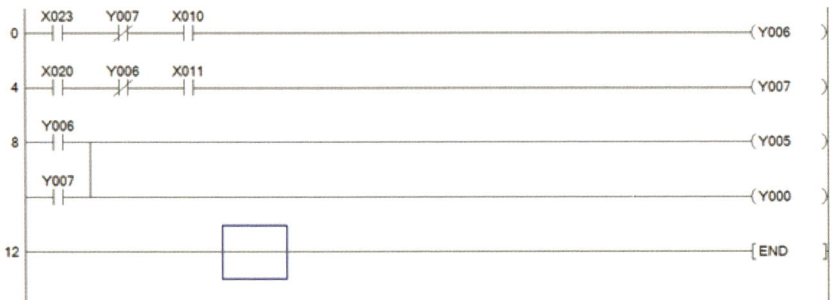

图 56　子任务二程序梯形图

## 子任务三　综合训练，电梯常速运行，减速停车，开门

功能要求：

按一层内选按钮后，电梯常速下行，平层前低速运行，停车后自动开门，5秒后自动关门；按二层内选按钮后，电梯常速上行，平层前低速运行，停车后自动开门，5秒后自动关门。按开门或关门按钮后则可以手动开关门。I/O分配表如下图所示。

表6 I/O分配表

| X2 | 减速感应器 |
|---|---|
| X6 | 门连锁继电器 |
| X10 | 上限位开关 |
| X11 | 下限位开关 |
| X13 | 开门继电器（常开触点） |
| X14 | 开门按钮 |
| X15 | 关门按钮 |
| X20 | 一层内选按钮 |
| X21 | 二层内选按钮 |
| X33 | 门驱双稳态开关 |
| Y0 | 转换继电器（抱闸） |
| Y4 | 高速信号 |
| Y5 | 低速信号 |
| Y6 | 上行信号 |
| Y7 | 下行信号 |
| Y26 | 开门继电器（线圈） |
| Y27 | 关门继电器 |

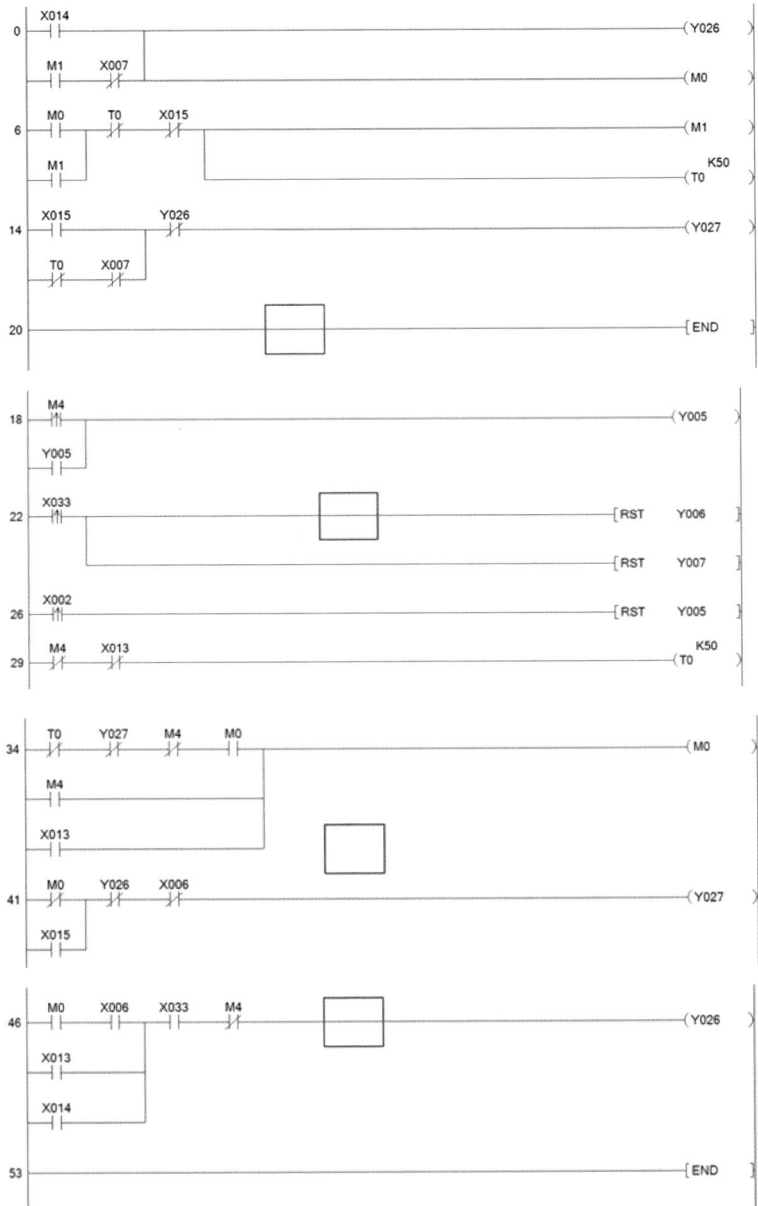

图 57 PLC 梯形图

## 任务四　触摸屏组态编辑与调试

很多电梯采用触摸屏来取代原来的机械按键了，这样可以减少机械故障的发生率，延长了使用寿命。

真高科技！

其实并不那么难，我们看看简单的触摸屏监控电梯楼层是怎么做到的吧。

"触摸屏程序的编写任务"在真实维护保养工作中不常遇到，但这个模拟的教学载体能给我们提供更多的空间去探索和尝试更加丰富的内容，让学生体会到创新的乐趣。

1.控制要求

在触摸屏上完成以下任务：

（1）电梯楼层数码显示；

（2）多页面切换。

2.操作步骤

（1）新建变量表。如图58。

（2）建立连接通道。如图59。

（3）新建窗口，并设置为启动窗口（触摸屏上通电后出现的第一个界面）如图60。

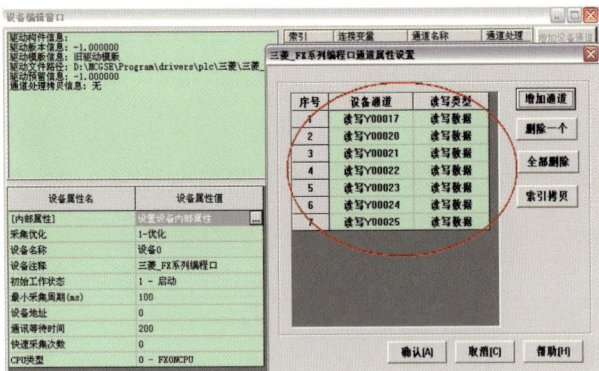

图 58　变量表

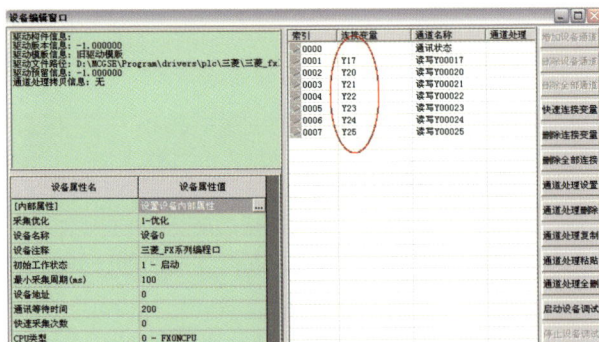

图 59　变量连接

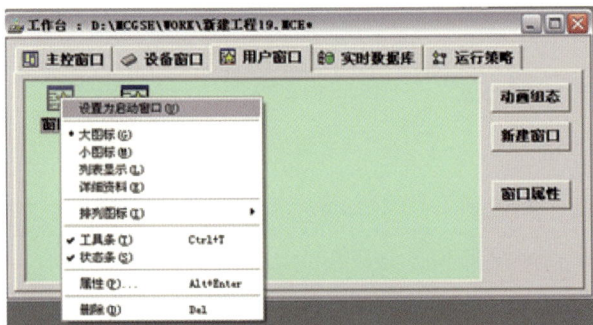

图 60　新建窗口

（4）在窗口0编辑一个用于画面切换的按钮，双击"窗口0"，开始编辑动画组态。

创建一个"标准按钮"，在其属性设置里的"基本属性"界面，输入文本"楼层显示界面"，然后在"操作属性"界面，选择"按下功能"，点击"打开用户窗口"选择"窗口1"，而"关闭用户窗口"选择"窗口0"。见图61。

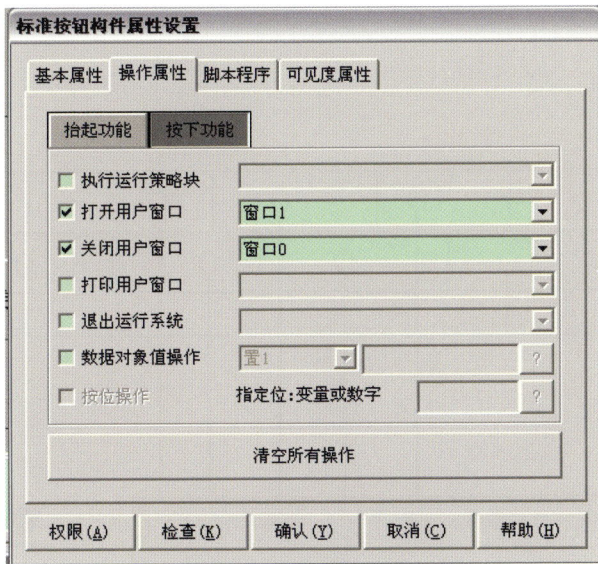

图 61　添加按钮构件

（5）编辑脚本

电梯轿厢到一楼，数码显示"1"，二三四楼对应显示"2""3""4"，当PLC数码显示信号Y17、Y20、Y21没输出时，无数码显示。

| A | B | C | |
|---|---|---|---|
| 1 | 0 | 0 | 一楼 |
| 0 | 1 | 0 | 二楼 |
| 1 | 1 | 0 | 三楼 |
| 0 | 0 | 1 | 四楼 |

参照数码显示的原理图见图62，A为BC码的最低位，C为BC码的最高位，即

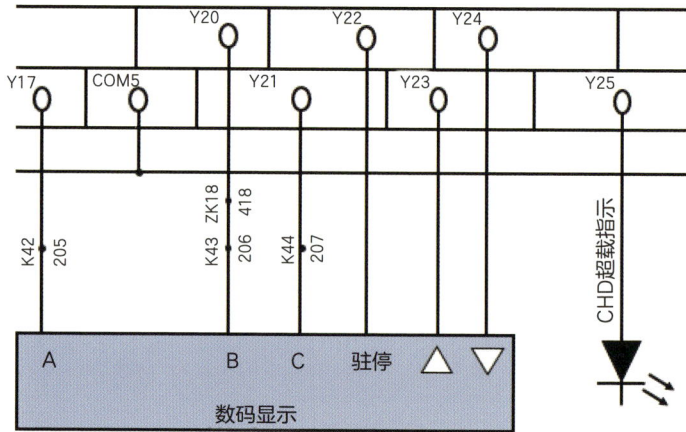

图62　数码显示电路与编码

在窗口1的"用户窗口属性设置"中，选择"循环脚本"，根据程序编辑脚本。见图63。

（脚本中的"smxs"指代"数码显示"，循环时间可适当调小）

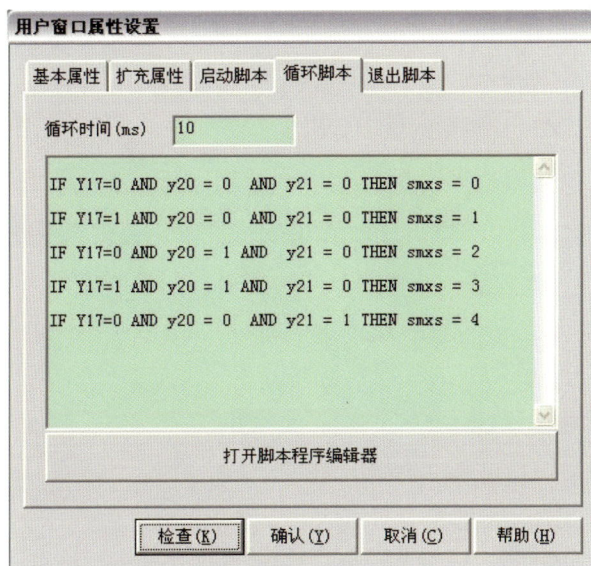

图 63　编写脚本

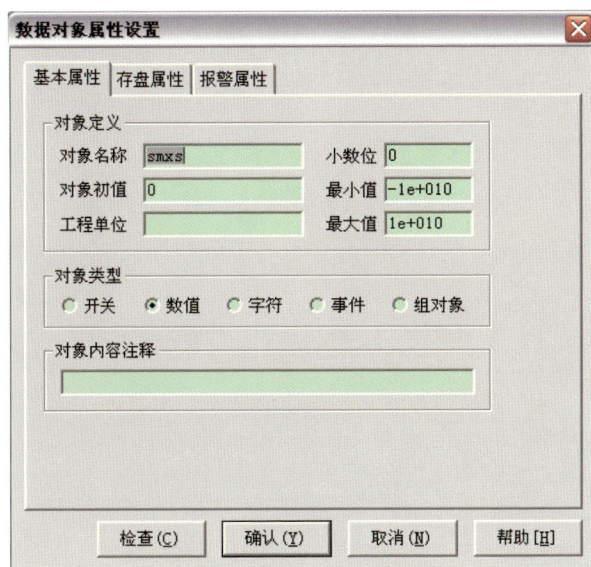

图 64　数据对象属性设置

在确定后，系统会提示"smxs"是未知对象等，点击确定，在"数据对象属性设置"中对象类型设置为"数值"，确定后，新变量"smxs"添加成功了。见图64。

（6）编辑一到四楼的楼层数码显示

创建1个文本标签，输入文本"1"，粗体，大小为300，无填充颜色，无边线，字符为红色并添加可见度，设置可见度表达式为"smxs=1"，当表达式非零时对应图符可见。见图65。

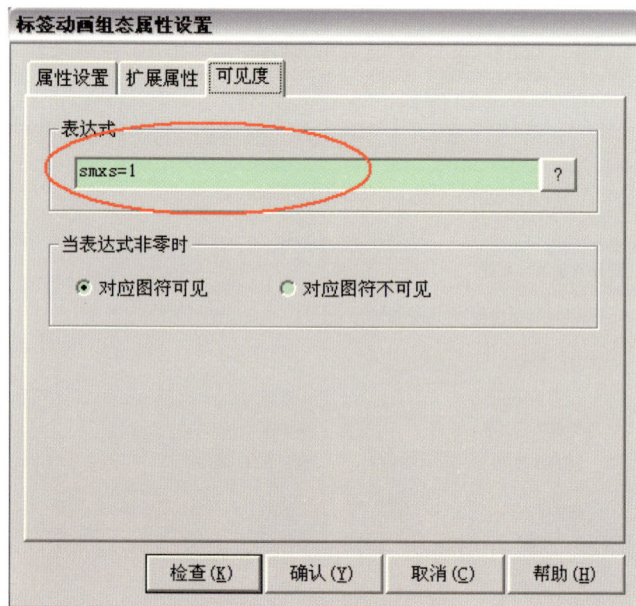

图 65　动画设置

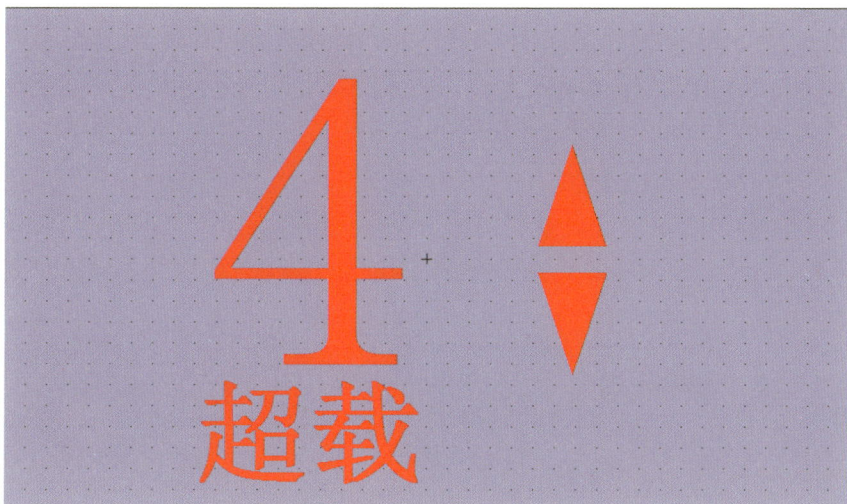

图66 楼层显示画面

一楼的数码显示就完成了。然后复制做好的一楼动画标签，粘贴3个，要求分别显示二三四楼的数码，因此，修改文本，以及修改可见度的表达式为对应值。（如三楼：文本改为3，可见度表达式改为smxs=3）见图66。

通过 ▣▣▣▣ ▣▣ ▣▣▣ ▣▣▣ 把做好的4个图片调到同样大小，并叠在一起。

在"常用图符"里找到 △ ，在之前画好的楼层数显右边画2个三角形，分别指示上下两个方向。

向上指示的三角形，可见度设置为Y23；向下指示的三角形，可见度设置为Y24。

当轿厢超载时，超载指示灯闪烁；正常运行时，超载指示灯不亮。

设置方法跟编辑楼层数码指示一样，通过标签 **A**，设置无填充颜色，五边线，字符颜色为红，字体设置里设置字的大小为80，粗体，勾选可见度和闪烁效果，在"扩展属性"中输入文本"超载"；"闪烁效果"表达式输入Y25，"可见度"表达式 输入Y25。

最后，在窗口1中编辑一个返回窗口0的按钮。

（7）下载工程。

# 我的电梯"我做主"

　　职业教育发展，重在营造"劳动光荣、技能宝贵、创造伟大"的时代风尚，重在形成"只有身怀绝技、同样出人头地"的良好氛围，重在培育具有中国特色的现代职业教育文化环境。本章从社会需求调研出发，由典型工程应用提取专业技术和生产工艺，融入行业企业标准，围绕电梯群控技术和电梯调度控制策略进行工程实践，使学生更好的掌握专业"核心技术和技能"，使职业教育技术技能人才学以致用，用技能服务人民生活，让城市生活更美好。

## 任务目标

1.会编写PLC通信程序，了解电梯群控技术；

2.知识拓展：了解先进的电梯调度控制策略。

我看到有的大厦有多台电梯同时工作，它们之间是否可以协调起来运行呢？

当然可以，这叫"群控"。如果一部电梯相应了呼叫，其他就不必再相应同一层的呼叫了，既节能又高效！

实现群控的基础是控制器之间的通信和数据共享，我们来举个简单的例子。

好的！我来试一试。

　　创新既是过程，也是积累，需要有深厚的实践积累。学生有了知识与技能的积累，又在生活中观察到高峰期电梯运行时的等待和拥挤问题，由此创新想到采用多台电梯合作的办法，衍生出多台电梯数据通信的实际技术问题与早高峰模式的策略问题。

　　创新灵感来源于生活又服务于生活。如果同时调度两部以上电梯，就叫"群控"。群控电梯就是多台电梯集中排列，共有厅外召唤按钮，按规定程序集中调度和控制的电梯。让多台电梯协调工作，达到效率高又节能的目的。群控的基础是数据共享，而具体策略有很多。

## 任务一  PLC 通信的调试

### 1.将两台PLC用RS485总线电缆连接

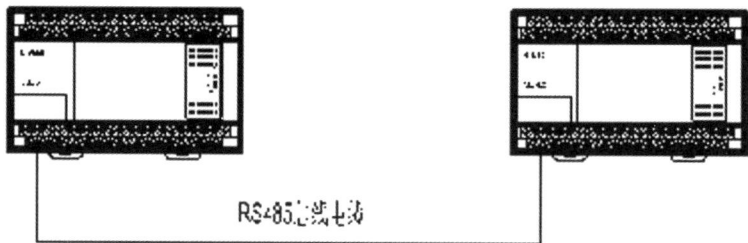

图 67   通信网络线路连接

### 2.编写程序对相应的寄存器进行配置

数据读写要求如下：

（1）一号FXPLC作为RS485网络主站，能够对二号FXPLC（RS485网络从站）中的数据进行采集及控制。

（2）一号FXPLC将二号FXPLC中的X0~X7读至本站的Y0~Y7中，即二号站的X0~X7控制一号站的Y0~Y7。

（3）一号FXPLC将本站中的X0~X7的数据写入二号FXPLC中的Y0~Y7中，即一号站的X0~X7控制二号站的Y0~Y7。

主站程序设定从站数量为1个，数据刷新为"1"。相关参数的设置程序如下图所示。

RS485网络通信参数设置

图 68　主站设置

从站程序设定从站地址为1，并将输入、输出点写入并读出。通信参数设置程序如下图所示：

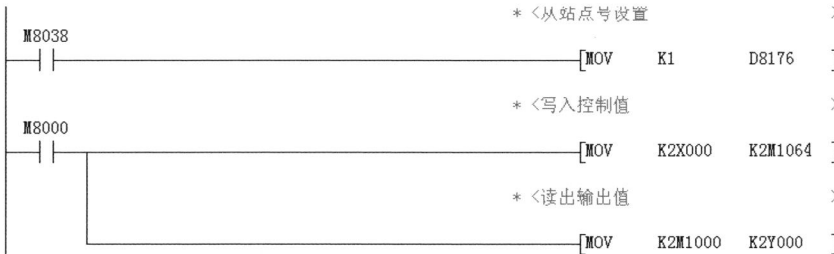

图 69　从站设置

将PLC的通信调试成功以后，它们就可以共享数据了。此时，电梯的功能也大大扩展了。PLC可以同时读取多部电梯的用户数据，协同工作，这就是所谓"群控电梯"。多部电梯按照预定的算法同时被调度，从而大幅度提高电梯的运输效率，达到高效、节能的目的。

## 任务二　电梯群控

电梯的群控算法根据不同的用户需求有很多种，比如早高峰模式。

什么是早高峰模式呢？

从一个个简单工程到复杂工程任务的完成，最终达到全面、真实地培养学生的自主学习能力、问题观察能力、问题分析能力和问题解决能力的目标。

由于群控运行策略大多都具有分散待机功能，即当有一台电梯停在一楼时，其他电梯在响应完召唤后，都停在其他楼层等待召唤而不返回一楼。这样，在上班高峰期时，由于只有一台电梯接送一楼乘客，从而导致电梯运行效率大大降低。

你有什么好办法解决吗？

这是个有趣的现实问题，我要好好想想……

在上下班工作模式设计时，可以考虑如下控制策略来提高电梯的运输效率：

1.电梯自动返基站功能。电梯进入上班高峰运行模式后，任何一台电梯响应完召唤后，都立即返回基站开门候客。

2.群控电梯首层独立召唤功能。在群控方式的基础上，将首层外召唤分为两组独立的外召唤，这样就可以在一定程度上缓解上班高峰期首层乘客拥挤的问题。

3.高峰期分层或分区运行。这种运行方式对乘客分布较均匀的大厦效果比较明显，可以减少电梯在相邻层站之间的停层次数，让电梯更多时间以额定速度运行，从而提高电梯高峰期的运行效率。

我一定要自己把这些程序编写出来！

创新与拓展任务

除了以上的控制要求以外，我们还可以设计更多丰富多彩的控制方式。比如消防模式、固定楼层（单数楼层或双数楼层）停靠方式等。如果结合触屏信息，那就可以实现更加智能的控制方式了。比如预约控制，结合日期

学而知其用，知其所，知其在；再而知其代，知其原，知其衍。教师带领学生从探索中开始学习，最后引导他们自主地开展更高层次的探索，让扎实的技术成为开拓创新的有力支撑，从而实现开拓创新的思维方式带动知识、技能进一步升华。

EPIP教学理念推动了赛教融合，也促进了教学团队的发展，在以城市让生活更美好为主题，职业教育服务瞄准人民群众生活需要的背景下，"智能电梯安装与调试"赛项应运而生。大赛考核参赛选手电梯维修保养操作技能与操作规范，分析与处理问题的能力、团队协作、工作效率、安全及文明生产等职业素养，引领职业院校电梯专业建设与课程改革；促进产

教融合、校企合作与产业发展，推动电梯维保紧缺人才的培养。

本项目中的"项目经理"刘勇教授，在奥的斯电梯从事技术工作20多年，也是全国职业技能大赛"智能电梯安装与调试"项目的裁判组长。"总工"谢老师和"技术支持"皮老师曾是"智能电梯安装与调试"项目一等奖和二等奖的指导老师。

的控制，结合乘客流量的控制，有用户权限的控制等等。留给同学们自己设计并亲手实现吧。

你们的电梯，你们自己做主！

项目实效

# 从人才培养与师资队伍双提升到教育的国际化

从智能电梯安装与调试案例实施EPIP教学模式以来，EPIP激活了智能电梯安装与调试的专业建设、课堂教学，改造了教师的教学和学生的学习。在天津机电职业技术学院，EPIP宏观的教育思想、中观的专业建设和微观的课程建设，通过"知、技、素"落实在每一节课堂上，落实在每一次实训中，落实在每一个教学环节中，落实在每一次教学创新上。教学改革结硕果：截至2014年，天津机电职业技术学院基本形成了较为完善、成熟的EPIP教学模式下的"智能电梯安装与调试赛训一体课程体系"，并将EPIP融入、浓缩、承载到大赛项目之中；在探索、实践智能电梯安装与调试EPIP教学模式的同时，通过大赛这个载体把真实、完整的EPIP教学模式传到全国的参赛队、参赛选手及全国兄弟院校之中。智能电梯安装与调试EPIP教学模式的成功，再一次用实践证明，EPIP教学模式具有强大的实践生命力！

## 一、EPIP教学模式下人才培养质量提升

图 70   在基于行业标准／职业标准的校企合作的人才

培养模式下成长

EPIP教学模式给学生插上职业发展与创新的翅膀，改造了教师的教学和学生的学习，提升了人才培养质量及课堂满意度，使得人才培养与师资双提升。

图 71 电梯专业的张彦飞和徐玉寒获奖

图 72 电梯专业学生及指导教师在"一带一路"金砖国际电梯
安装维修大赛获得一等奖

图 73　电梯专业教师在高职院校技能大赛中获奖

图 74　电梯专业教师在高等职业院校信息化教学竞赛中获奖

图75 刘宇同学通过我院电梯专业学习，毕业后在现场工作，3年后成为维修部门主管

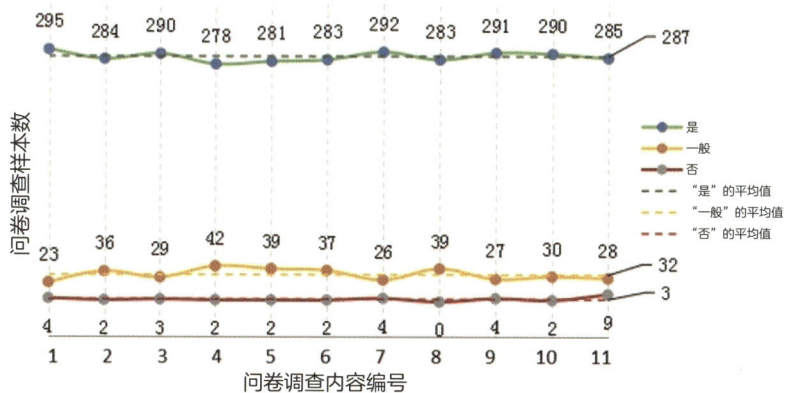

图76 "智能电梯装调与维护"课程实施EPIP教学学生满意度调查

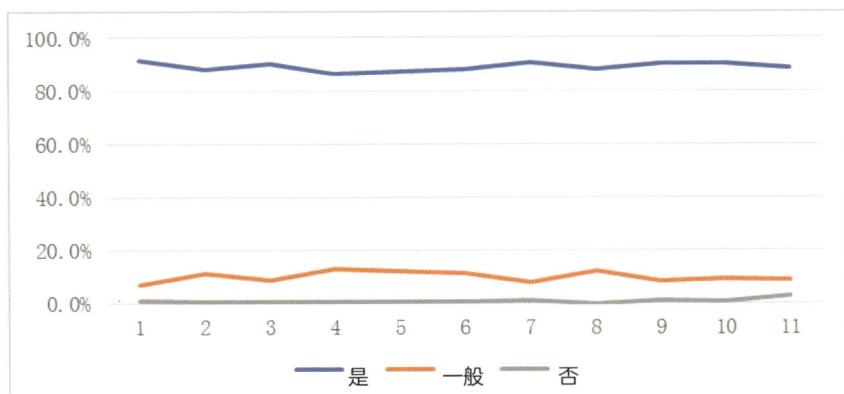

图 77　电梯专业 EPIP 教材及实施 EPIP 教学模式学生满意度调查

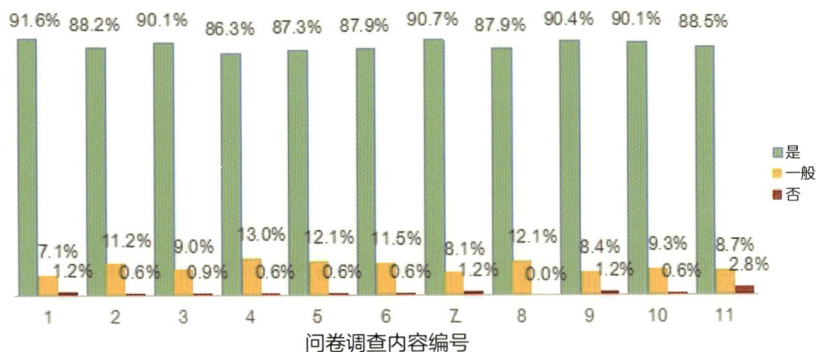

图 78　电梯专业 EPIP 教材及实施 EPIP 教学模式学生满意度调查

## 二、EPIP模式下电梯专业教育的社会影响力

电梯专业的发展及EPIP教学模式的实施在社会上影响广泛《天津日报》《渤海早报》《天津工人报》等多家媒体分别报道了我专业EPIP教学模式的育人成果。模式吸引中西部地区30多所院校前来交流，近年来我校电梯专业分别为国培项目、西部教师进行了培训310人次，2017年在天津职教专家援疆项目中主讲报告3场。同时也与中德、轻工等兄弟院校建立长期合作机制，共同将EPIP教学模式

进行推广应用，培育高素质技能人才的同时，也带领广大师生开展社会活动，用专业知识回馈社会。

世界上仅有的两辆电梯专业培训大篷车中的一辆，开进了天津机电职业技术学院，为电梯专业师生提供电梯设备模拟操作的考核与培训。

图 79　主持省赛、国赛电梯项目裁判长工作

电影中的"变形金刚"来到了天津机电职业技术学院的校门口，这辆长13米、展开后宽6米、高8米的大篷车全球仅有两辆。该车外观蓝色引人注目，走进车内更是别有洞天。车厢内装有电梯专业学习用的一比一真实部件，从电梯到扶梯都能装进它的"肚子"里，车内二层还有供学生上课用的多媒体教室。

天津机电职业技术学院联手德国蒂森克虏伯电梯有限公司，让"电梯专业培训大篷车"首次来到天津，在十天的时间里与津城学子亲密接触，为学院校企合作和人才培养提升整体实训水平。

图 80　中国教育网转载《天津日报》报道我院大篷车进校园活动

图 81　学生参加全国职业技能大赛电梯赛项

图 82　学生在仿真电梯设备前完成实操训练

图 83　电梯工程技术专业团队获得全国领军团队称号

图 84　与企业共同成长培训书

图 85　电梯专业学生获得优秀毕业生称号

图 86　电梯专业学生获得职业资格证书

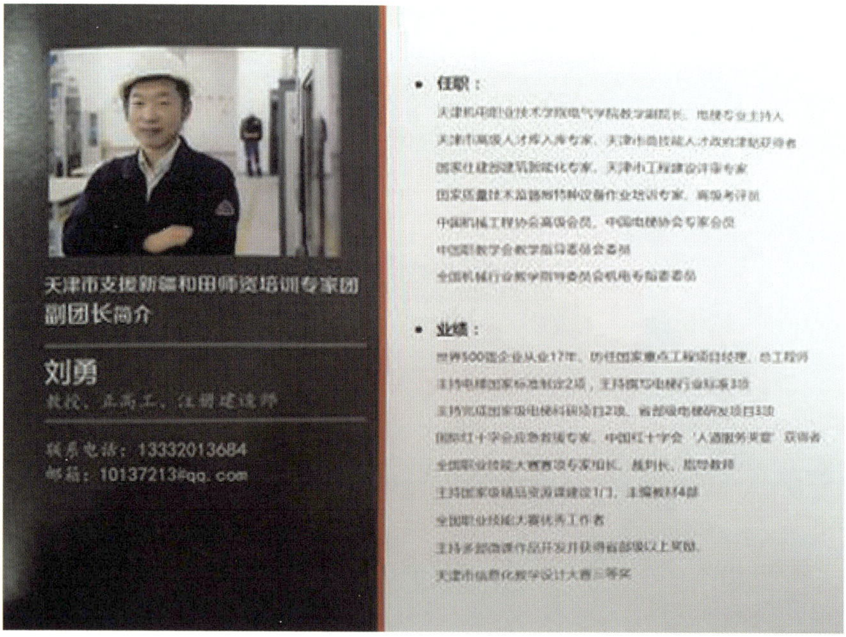

图 87　天津职教专家援疆进行对口专业建设传授 EPIP 教学模式

图 88　携手企业开展电梯安全进社区活动

图 89　携手企业开展电梯安全进社区活动

## 三、EPIP模式下电梯专业教育在职业教育及"鲁班工坊"的推广

　　EPIP自2011年来，在全国一批高职院校进行了试点，该教学模式取得阶段性胜利的同时也在国际上进行推广。2016年3月，"鲁班工坊"在泰国大城府大城技术学院正式挂牌成立，标志着工程实践创新项目（EPIP）教学模式的整体国际化输出。2018年12月，由我院承建的葡萄牙"鲁班工坊"，在塞图巴尔理工学院揭牌成立，成

图90　印度"鲁班工坊"与5家中资企业签订订单培养协议

图91　与中国天津市天锻压力机有限公司（印度分公司）签订合作协议

为继英国之后，我市在欧洲建设的第二个"鲁班工坊"。这个"一带一路"上的技术驿站，不但将我国的先进技术进行输出，也将我们先进的EPIP教学模式进行推广。EPIP丰富了技术技能型或工程人才培养实践教学理论，是对接国际教育的新理念、技术创新教育的新概念、开创职教国际输出的经典范例。

图92 EPIP在鲁班工坊成功实践

图93 EPIP在鲁班工坊成功实践

图 94　我专业与葡萄牙教师团队进行 EPIP 教学模式交流

图 95　卢卡斯教授希望 EPIP 教学模式尽快在葡萄牙落地生
根，培养更多专业技能人才

# 后　记
POSTSCRIPT

　　EPIP教学模式是以实际工程为背景，以工程实践为导向，以能力培养为目标，以工程项目为统领的技术技能人才培养模式；是创新型、复合型、应用型技术技能人才培养领域深化产教融合、密切校企合作的具体措施和招法。EPIP教学模式从研究到具体实施已有十余年，特别是近年来在鲁班工坊建设项目中成功应用并推广，已成为中国职业教育知名品牌。

　　天津机电职业技术学院电梯技术教学团队始终践行EPIP教学模式并做出了突出成绩。通过EPIP教学模式的改革激活了专业建设、课堂教学，同时改造了教师的教学和学生的学习模式。EPIP宏观的教育思想、中观的专业建设和微观的课程设置，通过"知识、技能、素养"落实在每一节课上，落实在每一次实训中，落实在每一个教学环节中，落实在每一次教学创新上，形成了较为完善、成熟的EPIP教学模式下的"智能电梯安装与调试赛训一体课程体系"。同时作为大赛专家组长、裁判长，学院将EPIP融入、浓缩、承载到全国职业院校技能大赛电梯赛项之中，在全国职业院校中得以推广。

　　《智能电梯安装与调试》课程是职业院校电梯工程技术专业及机电类专业的核心课程之一，因为涉及特种设备特种作业，在教学上难度很大。本书详细介绍了在教学改革过程中的实施过程，课程所涉及项目都是基于"真实工程""真实世界""真实生活"，让学生去实践、去创新，始终强调一个"真"字，让学生从头到尾完成一个"完整"项目，得到了企业和社会的高度评价。

　　《EPIP教学模式实践案例一——智能电梯安装与调试》是《EPIP工程实践创新项目教学模式——改造我们的学习》《EPIP教学模式——中国职业教育的话语体系》专著的系列丛书，在撰写过程中得到了吕景泉教授、耿洁教授的精心指导；天津轻工职业技术学院电梯教学团队提供了相关素材，在此一并感谢！

天津机电职业技术学院

张维津　刘勇